Claudio Ferlan
Sakraler Rausch, profaner Rausch

Transfer

———

Herausgegeben von
FBK - Istituto Storico Italo-Germanico /
Italienisch-Deutsches Historisches Institut

Claudio Ferlan

Sakraler Rausch, profaner Rausch

———

Trunkenheit in der Alten und Neuen Welt

Aus dem Italienischen von
Bettina Dürr

Mit einem Vorwort von
Birgit Emich

DE GRUYTER
OLDENBOURG

Originalausgabe: Claudio Ferlan, Sbornie sacre, sbornie profane. L'ubriachezza dal Vecchio al Nuovo Mondo, © 2018 by Società editrice il Mulino, Bologna.

Die Übersetzung dieses Buches wurde mit Unterstützung des
SEGRETARIATO EUROPEO PER LE PUBBLICAZIONI SCIENTIFICHE erstellt

S E P S

SEGRETARIATO EUROPEO PER LE PUBBLICAZIONI SCIENTIFICHE

Via Val d'Aposa 7 - 40123 Bologna - Italien
seps@seps.it - www.seps.it

ISBN 978-3-11-067487-3
e-ISBN (PDF) 978-3-11-067497-2
e-ISBN (EPUB) 978-3-11-067508-5

Library of CongressControl Number: 2021935839

Bibliografische Information der Deutschen Nationalbibliothek
Die Deutsche Nationalbibliothek verzeichnet diese Publikation in der Deutschen
Nationalbibliografie; detaillierte bibliografische Daten sind im Internet über
http://dnb.dnb.de abrufbar.

© 2021 Walter de Gruyter GmbH, Berlin/Boston
Übersetzung: Bettina Dürr
Coverabbildung: akg-images / Album / Oronoz
Druck und Bindung: CPI books GmbH, Leck

www.degruyter.com

Vorwort

Es gibt Bücher, bei deren Lektüre wohl niemand auf die Idee kommen würde, Geschichte sei trocken. Das vorliegende Buch gehört dazu. Es geht um Trinkbares aller Art: auch um Tee, Kaffee und Schokolade, aber vor allem um alkoholische Getränke. Ob destilliert oder vergoren, ob aus Mais, Agave, Trauben oder Getreide – in irgendeiner Form ist Alkohol nahezu überall auf der Welt anzutreffen. Doch nicht nur der Stoff ist so allgegenwärtig wie vielfältig. Auch das Trinken weist ein enormes Spektrum auf: Vom heimischen Schluck aus der Pulle zum öffentlichen Besäufnis, vom profanen Gelage zum sakralen Ritual – zwischen den Anlässen, Abläufen und Funktionen des Trinkens können Welten liegen. Und genau darum geht es in diesem Buch.

Claudio Ferlan untersucht Trinken und Getränke als Phänomen des Kulturkontaktes zwischen der Alten und der Neuen Welt: Es geht um die unterschiedlichen Wahrnehmungen der Getränke und des Trinkens, um das oft erfolglose Bemühen der Europäer, mit den Ernährungsgewohnheiten die Kulturen Amerikas zu beherrschen, um den Wandel, den die Trinksitten der indigenen Bevölkerung Amerikas durch den Import neuer Getränke und Techniken wie der Destillation dann aber doch erlebten, um die rechtlichen, moralischen und medizinischen Einschätzungen des Trinkens in der Alten und der Neuen Welt, um die Orte, an denen Alkohol ausgeschenkt, konsumiert, verboten und verteidigt wurde. Erzählt wird mithin eine bewegte Geschichte des Rausches und der Abstinenz, in der Herrschaft und Widerstand ebenso aufscheinen wie religiöse Rituale und soziale Gebräuche.

Als Mitarbeiter des Italienisch-Deutschen Historischen Instituts in Trient bezieht Claudio Ferlan seine Argumente und Beobachtungen auch aus dem transalpinen Trinkvergleich; Unterschiede und Missverständnisse im Umgang mit dem Alkohol finden sich schließlich schon auf engstem Raum. Aber auch und gerade in Trient weiß man, dass sich solche Themen am besten bei einem Glas Wein besprechen lassen.

Für das Herausgebergremium des ISIG
Birgit Emich

http://doi.org/10.1515/9783110674972-202

Das Buch ist meinem Vater gewidmet, der es mit dem Bleistift in der Hand gelesen hätte, zum Unterstreichen und um darüber zu reden.

Es ist meiner Mutter gewidmet, die es ohne Bleistift lesen wird, darauf bedacht, die Seiten nicht schmutzig zu machen.

Inhalt

Vorbemerkungen

Ich weiß noch genau, wann mir die erste Idee zu diesem Buch kam, wann meine Neugier und Forscherlust geweckt wurden, die zu seiner Entstehung führen sollten. Im Sommer 2004 kamen meine Frau Chiara und ich in den Genuss eines Aufenthalts in Paraguay. Es ging um Erkenntnisgewinn, aber weniger um Sachliches als um das Kennenlernen der Menschen. Bei einer der Begegnungen, die unsere Reise kennzeichneten, waren wir zu Gast bei einer Familie in der Stadt Caacupé, in der sich ein berühmter Wallfahrtsort befindet. Zum ersten Kontakt kam es bei der Sonntagsmesse, die ganz anders zelebriert wurde, als wir es von unserem alten Europa kennen und gewöhnt sind. Als der Gottesdienst zu Ende war, gingen wir ins Haus unserer Gastfamilie und nahmen am Ritual (denn darum handelte es sich) der gemeinsamen Einnahme von *Yerba-Mate* teil. Es war nicht das erste Mal, dass ich Mate trank, aber ich war mir bis dahin nicht über seine symbolische und kulturelle Bedeutung im Klaren gewesen. Allein schon der Ablauf der Zubereitung beeindruckte mich, die genaue Verteilung der Aufgaben und der erste Schluck, der der Mutter Erde – der Pachamama – dargebracht wird. Seither liebe ich dieses bittere, unverwechselbare Aroma. Es packte mich die Wissbegier des Berufshistorikers und ich begann zu lesen und Informationen zu sammeln. Nur zwangen mich meine akademischen und beruflichen Verpflichtungen lange Zeit, all diese Lektüren und Informationen beiseite zu legen. Erst die Suche des Freundes Paolo Costa nach einem Ernährungshistoriker für eines seiner Forschungsprojekte gab mir den Anstoß, über *Yerba-Mate* zu schreiben, über die Essgewohnheiten auf dem amerikanischen Kontinent vor seiner Eroberung durch die Spanier und – eine Hommage an meine eingangs beschriebene Erfahrung – über die Verbindung zwischen Ernährung und Religiosität. Mit Paolo und Adolfo Villafiorita kam es zu einem fruchtbaren Austausch, der zu Zusammenkünften geführt hat, auf denen das Thema Ernährung aus drei verschiedenen Blickwinkeln betrachtet wurde: dem des Philosophen, dem des Informatikers und dem des Historikers. Es waren genussreiche, unterhaltsame Begegnungen, die mich bereichert und noch wissbegieriger gemacht haben und von denen ich mir wünsche, dass sie eine glänzende Zukunft haben. Ich habe immer mehr gelesen, Kochbücher, Geschichtsbücher, direkte Quellen, das ist nun mal mein Beruf. Viel Wissen kam zusammen und so konnte ich dem Verleger Ugo Berti den Entwurf zu einem Buch vorlegen. Bereits zuvor hatten wir zu anderen Themen zusammengearbeitet, jetzt war die Zeit reif für Essen und Trinken. Aus der Menge an Informationen und Anregungen in meinem Archiv wählte ich – unter den vielen Aspekten zur Geschichte der Ernährung – dieses Thema aus. Warum nun gerade die Trunkenheit? Zunächst wegen ihrer häufig anzutreffenden Verbindung mit religiösen Erfahrungen, vielleicht hat aber auch eine Rolle gespielt, dass ich in einem Dorf im Nordosten Italiens aufgewachsen bin, am Rande einer Gegend, die von ihren Bewohnern im Anklang an das Bermudadreieck (Triangolo delle Bermude) „il triangolo delle bevude" (Dreieck des Trinkens) genannt wird (es gibt sogar ein T-Shirt mit diesem Slogan).

http://doi.org/10.1515/9783110674972-001

Sbornie sacre, Sbornie profane (und auch die deutsche Übersetzung) würde es nicht geben, wenn ich nicht am Italienisch-Deutschen Historischen Institut der Fondazione Bruno Kessler in Trient arbeiten würde. Dank der programmatischen Forschungsmobilität der Stiftung konnte ich zwei sehr hilfreiche Aufenthalte im Ausland verbringen, den ersten in Paris, wo ich vornehmlich in der Bibliothek des Museum Quai-Branly gearbeitet habe, den zweiten in Berkeley, für Liebhaber von Büchern das Paradies auf Erden. Ich bin denjenigen, die mir das ermöglicht haben, außerordentlich dankbar: Pierre-Antoine Fabre und Jonathan Sheehan haben meine Bewerbung als *visiting scholar* unterstützt und mich in ihren Institutionen willkommen geheißen. Ich hatte das große Glück, diese Erfahrungen mit Chiara und Mateja, den Frauen meiner Familie, teilen zu dürfen, die eine groß, die andere weniger groß. Chiara ist meine erste Leserin gewesen, aufmerksam und neugierig. Mein Dank geht auch an Fabio Giovanni Locatelli, ein gewissenhafter Leser des gesamten Buches. Maurizio Cau, Paolo Costa, Massimo Rospocher und Rosa Salzberg, sie alle haben meinem Manuskript ihre Zeit geschenkt. Mit den Kollegen des ISIG habe ich oft über meine Forschungen sprechen können, sowohl informell, als auch im Rahmen der Seminare, die das Leben unseres Instituts charakterisieren. Es ist eine schöne Zusammenarbeit – deshalb Dank an Fernanda Alfieri, Marco Bellabarba, Giovanni Bernardini, Maurizio Cau, Gabriele D'Ottavio, Emile Delivré, Matteo Largaiolli, Marco Mondini, Cecilia Nubola, Katia Occhi und Camilla Tenaglia. Ich bin Paolo Pombeni sehr dankbar, der das Institut sechs Jahre lang geleitet hat. Ich habe seine volle Unterstützung immer zu spüren bekommen und viel von ihm gelernt. Mein Dank geht auch an seinen Nachfolger, Christoph Cornelissen. Über die Geschichte der Trunkenheit, wie auch über andere Geschichten, habe ich mich ausgesprochen gern mit Capucine Boidin ausgetauscht, mit Danielle Callegari, Michela Catto, Juan-Carlos Estenssoro, Liliana Ferrari, Lucia Galvagni, Marina Garbellotti, Aliocha Maldavsky, Guido Mongini, Diego Pirillo, Adina Ruiu, Rafael Ruiz, Justin E.H. Smith, Debora Tonelli, Hélène Vu Thanh, Ines Zupanov.

Eine wichtige Bibliothek war für mich auch die des Max-Planck-Instituts für Europäische Rechtsgeschichte in Frankfurt, wo eine fantastische Sammlung zur Geschichte Lateinamerikas aufbewahrt wird. Hier habe ich meiner ersten Arbeit zur Ernährungsgeschichte Form geben können, und hier am Max-Planck-Institut habe ich die Gelegenheit bekommen, unter anderen mit Benedetta Albani, Manuela Bragagnolo, Otto Danwerth, Pilar Meija, Osvaldo Moutin und mit dem Institutsdirektor Thomas Duve über meine Forschungen zu diskutieren.

Die auf den folgenden Seiten erzählte Geschichte ist voller Gewalt und Missverständnisse, eine Geschichte, die leider keine Hommage an all das Positive sein kann, das der Lebenslust eines gemeinsamen Anstoßens innewohnt.

I Die Wege des Alkohols

Noah, Quetzalcoatl und Geronimo

Seit Beginn der Menschheitsgeschichte – mindestens seit den Zeiten Noahs – kennt man die Trunksucht. In der Tat erzählt das Buch Genesis, dass Gott nach Ende der Sintflut dem alten Patriarchen befahl (es war sein 661. Lebensjahr), die Arche mit seiner Ehefrau mit seinen Söhnen Sem, Ham und Jafet, deren Bräuten und mit allen Tieren, zu verlassen, die auf der Arche Zuflucht gefunden hatten. Nach dem Bund mit Gott, mit seinen Söhnen, mit deren Nachkommen und mit allen Lebewesen begann Noah, sich tatkräftig um einen würdigen Lebensunterhalt zu kümmern. Als erfahrener Ackerbauer legte er einen Weinberg an. Von der Rebe zum Wein ist der Weg kurz. Was er nicht kannte, waren die möglichen Auswirkungen dessen, was er geschaffen hatte, und so ging er betrunken zu Boden und schlief nackt in seinem Zelt ein. Ham sah ihn dort liegen, erzählte das seinen Brüdern und diese legten, um ihren Vater nicht unbedeckt anblicken zu müssen, einen Mantel über ihn und entfernten sich rückwärtsgewandt. Als Noah wieder aufwachte, erfuhr er alles von Ham, erzürnte sich und verdammte Cams Sohn Kanaan dazu, Sklave seiner Vettern zu werden. Das, weil dessen Vater gesehen hatte, was nicht gesehen werden durfte. Der Patriarch ließ sich in den weiteren 350 Jahren, die er noch lebte, nicht mehr davon abbringen (1. Mose 9, 20–27).

Bei ihrer Ankunft in Amerika hatten sich die Europäer mit großen Verständnis- und Interpretationsfragen auseinanderzusetzen. Unter den Fragen, die am meisten diskutiert wurden, war die über den Ursprung der indigenen Bevölkerung. Zumindest in der ersten Phase der Eroberung herrschte die Auffassung, es handle sich bei ihnen um die Nachkommen von Kanaan, weshalb sie zum Sklavenleben verdammt seien. Und auch hier, auf der anderen Seite des Atlantik, warf die Einstellung zur Trunkenheit viele Fragen im Hinblick auf das Religionsverständnis auf. Nach dem, was uns der Franziskanermönch Motolinia (eigentlich Toribio de Benavente, 1482–1568) erzählt, einer der zwölf Patres der katholischen Mission in Mexiko, stammten die Indios Neuspaniens alle vom großen Herrn Mixcoatl (Wolkenschlange) und seinen sieben Söhnen ab, ein jeder von ihnen dazu bestimmt, über jeweils einen anderen Stamm zu herrschen: eine Nachkommenschaft, die der Franziskaner mit der Noahs verglich. Der siebte Sohn Mixcoatls, Quetzalcoatl (Schwanzfederschlange), ein redlicher und besonnener Mann, hatte nicht geheiratet und ein Leben in Entsagung gewählt: ein Priester-König. Zumindest so lange, bis seine Feinde, die Tolteken, einen Hinterhalt organisierten, um ihn abzusetzen. Quetzalcoatl lag erkrankt in seinem Palast, als sich in unkenntlicher Gestalt Tezcatlipoca, der von den Tolteken verehrte Gott, präsentierte. Er bot dem Kranken eine Medizin an, die dieser in seiner Erschöpfung nach einigem Zögern akzeptierte. Nur handelte es sich keineswegs um ein Heilmittel, sondern um Pulque, ein alkoholisches Getränk, das aus der Vergärung der

http://doi.org/10.1515/9783110674972-002

Agave gewonnen wird. Dem König gefiel der Geschmack und so trank er, bis er betrunken war. Unter Einwirkung des Alkohols verführte er eine Priesterin, wodurch er seine Reinheit verlor, die seine Doppelrolle (und er von sich selbst) forderte. Als Quetzalcoatl wieder nüchtern wurde, übermannten ihn Schuld- und Schamgefühle, doch nur sich selbst, keinen anderen, machte er dafür verantwortlich. Er dankte sofort ab und verließ sein Herrschaftsgebiet Tula, nur gefolgt von denen, die ihm treu geblieben waren. Er zog Richtung Orient davon, nach einer Version des Mythos durch den Himmel hindurch, eine andere lautete, über das weite Meer. Doch zuvor versprach er noch, dass er eines Tages wiederkehren, seinen Thron zurückerobern und es seinen Untertanen ermöglichen würde, in Frieden zu leben. Als der spanische Konquistador Hernán Cortés (1485–1547) von dieser Legende hörte, machte er sie sich zunutze, indem er die Einheimischen, die von ihm als dem endlich wiedergekehrten Quetzalcoatl berichteten, in diesem Glauben bestärkte.

In den Geschichten von Noah und Quetzalcoatl begegnen wir unterschiedlichen Auffassungen von der Rolle, die die Trunkenheit in Gesellschaft, Kultur und Religion spielte. Sie ist erniedrigend und nimmt dem Menschen seine Würde; sie verleitet zur Sünde (vor allem zur Wollust) und sogar zur Kriminalität; sie kann die Folge von Ignoranz oder einem Hinterhalt sein. Weitere Aspekte zum Thema Trunkenheit gibt es zu bedenken: ihre zentrale Rolle beim Feiern von Festen, mal toleriert, mal verdammt, im öffentlichen oder im privaten Raum, wo der Alkoholkonsum zu Missbrauch führen kann. Und noch etwas: Noah und Quetzalcoatl sind Opfer unbeabsichtigter, einmaliger Trunkenheit, denn soweit wir wissen, hat sich das nicht wiederholt. So ist es aber nicht immer. In der Narration der Begegnung zwischen Alter und Neuer Welt geht es weitaus häufiger um tägliche Trunksucht, wofür es auch in anderen Sprachen genaue Begriffe gibt: *ivrognerie* auf Französisch (eben nicht die einfache *ivresse*); *ebriositas* auf Latein, vor allem in der Rechtssprache (nicht die unschuldige *ebrietas*); im Spanischen *borrachera* anstatt *embriaguez*. An dieser Stelle lassen wir ein Beispiel sprechen, ein ums andere Mal aus der Geschichte Amerikas, und damit setzen wir unsere Reise zwischen den Welten fort, die uns im Verlauf dieser Geschichte immer vertrauter werden wird.

Die Leser von Tex Willer wissen, dass zu seinen meist gehassten Feinden der Whisky-Schmuggler gehört, der Alkohol an Indianer verkauft, was sie abhängig macht und ihnen ihre Würde nimmt. Wie so oft in den Geschichten des Rangers aus Texas verbirgt sich hier mehr als ein Quäntchen Wahrheit. Denn tatsächlich wurde Alkohol auch als Kriegswaffe eingesetzt, etwa gegen die Ureinwohner Amerikas, wie im Fall des Apachen Geronimo (1829–1909), der sich als Letzter dem amerikanischen Heer ergab. Mittlerweile alt und gezeichnet und im Reservat eingeschlossen, lebte der Häuptling nach seiner endgültigen Kapitulation müde vor sich hin. Am 11. Februar 1909 versuchte er sich an einem dieser kleinen Geschäfte, mit denen er sich über Wasser hielt: Nach dem Verkauf von Pfeil und Bogen bat er seinen jungen Freund Eugene Chihuahua (1881–1965), ihm vom Erlös Whisky zu besorgen. Dieser wiederum gab das Geld einem Soldaten. Er war gezwungen, andere darum zu bitten, denn den Apachen war es von Gesetzes wegen verboten, Alkohol zu erwerben. Nachdem Geronimo sich den Alkohol einverleibt hatte, machte er sich auf den Heimritt, doch kurz bevor er ankam, kippte er volltrunken vom Pferd und blieb in der eiskalten Nacht liegen. Man fand ihn am nächsten Morgen. Was zunächst nach einer Unterkühlung aussah, entwickelte sich zur Lungenentzündung und am Morgen des 17. Februar verstarb der alte Häuptling. Mit ihm starb – symbolisch gesprochen – die Geschichte des Widerstands der Indianer gegen den Vormarsch des weißen Mannes, vernichtet durch das „reine Gift", wie es Tex Willer genannt hätte.

In den folgenden Kapiteln erzählen wir diese Geschichte der Trunkenheit, die wir mit Quetzalcoatl beginnen und mit Geronimo enden lassen. Die Begegnung zwischen den Europäern und den Völkern, die den amerikanischen Kontinent vor ihrer Ankunft bewohnten, wird hier zu einer Geschichte voller Flaschen – im Blick die Getränke, vergoren oder destilliert, und allzu oft ohne Maß einverleibt. Zumindest war es das, was man in der Alten Welt dachte.

Definition

Um den richtigen Einstieg in ein Buch über die Trunkenheit zu finden, sollte man diese zunächst genau definieren. Einen Vorschlag macht die Anthropologin Veronique Nahoum-Grappe:

> Ein besonderer Zustand, in dessen Verlauf sich das Bewusstsein von sich selbst und von der Welt mal mehr, mal weniger verändert; das betrunkene Subjekt durchlebt dabei eine aktive und außergewöhnliche Erfahrung der eigenen Wahrnehmung von Zeit und sozialem Umfeld, der Schwerkraft und der aufrechten Haltung, der Grenzen zwischen Innen- und Außenwelt.

Der Versuch, ein allseits bekanntes Phänomen systematisch zu erfassen, ist so schwierig wie reizvoll. Wir können dazu auch die eigene Erfahrung hinzuziehen, denn viele von uns werden verschiedene Zustände (mit)erlebt haben, die die Trunkenheit definieren helfen. Eine überzeugende Definition stammt aus einem an den König und das Parlament gerichteten englischen Büchlein aus dem Jahr 1680:

> Betrunken ist nicht derjenige, der sich vom Boden wieder erheben und weiter trinken kann; wohl aber ist der betrunken, der haltlos daniederliegt, ohne weiter trinken oder sich aufrichten zu können.

Der Verlust der Körperkontrolle, konfuses Reden, seltsames Benehmen: Das sind die üblichen Indikatoren der Gesetzgeber beim Versuch, den spezifischen Zustand der Trunkenheit zu bestimmen. Genau wie heute wird die Alkoholabhängigkeit nicht über die Menge des Konsums alkoholisierender Getränke definiert, sondern über ihre Auswirkungen. Auf jeden Fall gilt zu berücksichtigen, dass das Verhalten des Betrunkenen stark vom sozialen Umfeld abhängig ist, vom geselligen Rahmen, davon wie andere auf die Trunkenheit des Betroffenen reagieren. Denn allzu oft wird sich – mehr oder weniger unbewusst – so verhalten, wie es die anderen erwarten.

Die persönliche Erfahrung, aus erster Hand oder als Augenzeugen, lässt uns glauben, wir wüssten genug über die Trunkenheit. In dieser Überzeugung steckt viel Wahres, solange wir uns bewusst sind, wie stark das Verhältnis zur Trunkenheit von einer Kultur zur anderen abweicht, ja, von Person zu Person. Auch die Umstände spielen ihre Rolle. Der Konsum von zu viel Wein, vielleicht noch zusammen mit Bier und Hochprozentigem, üblicherweise gefolgt vom Erbrechen dessen, was unbedacht dazu gegessen wurde, löst in der Gruppe belustigte Solidarität aus, wenn das Ganze zum Beispiel bei einem Osterpicknick passiert. Spielt sich ein solcher Exzess auf einer Hochzeitsfeier ab, wird man das dem Betrunkenen sehr übelnehmen, und man wird ihn wahrscheinlich vom Fest fortbringen. Im ersten Fall bleibt der Zwischenfall kaum in Erinnerung, wird allenfalls mal mit flüchtigem Grinsen erwähnt. Im zweiten Fall kann man sich vorstellen – und das ohne zu übertreiben –, dass daran eine Freundschaft zerbricht oder zumindest eine Erinnerung gezeichnet wird, die auf den Index zu setzen ist.

Die Trunkenheit ist etwas Verrücktes, das vorübergeht; was haften zu bleiben droht, sind ihre Folgen. Und das macht die unterschiedlichen Standpunkte deutlich, die die legislativen wie die religiösen Mächte in der Geschichte des christlichen Europa einzunehmen pflegen. Wenn erstere versucht, die Trunkenheit als Störung der öffentlichen Ordnung oder eventuelle Voraussetzung für kriminelles Handeln unter Kontrolle zu bringen, gehört sie für die zweite zur Sünde der Völlerei, eher ein Laster an sich als Voraussetzung für weitere Laster. Ein rascher, aber genauer Blick auf die christlichen Schriften zeigt uns auf Anhieb, dass Moralisten, Theologen und Prediger der Neuzeit eine andere Einstellung hatten als die Kirchenrechtler. Auf der einen Seite verdammte man die Haltlosigkeit und die Verwahrlosung des Betrunkenen und forderte ihn auf, sich zu besinnen und zu bereuen. Als Ebenbild Gottes geschaffen entwürdigte sich der betrunkene Mensch selbst, beziehungsweise – noch schlimmer – Gottvater. Man nahm die Trunkenheit als Regression wahr, als das groteske und obszöne Schauspiel eines Körpers, der den Verstand und jede Selbstbeherrschung verloren hatte: unanständig und menschenunwürdig. Weniger drastisch und verächtlich war der Standpunkt des Kirchenrechtlers, der sich darauf beschränkte festzustellen, wie zu viel Wein den Verstand umnebelte, den Willen schwächte und zu Verhalten verleitete, die Mann und Frau in normalem Zustand nie zulassen würden. Ohne diese öffentlichen Auswirkungen konnte – und kann – sich der exzessive Vollrausch zutragen, ohne dass er Aufsehen erregt und/oder bestraft wird. Denn sich im Privaten zu betrinken, bleibt dem Richter oder dem Bußprediger verborgen, wie auch dem Historiker. In der Abgeschiedenheit der eigenen vier Wände kann man sich unbeobachtet gehen lassen, in ausgesuchter Gesellschaft wie auch allein. Solange keine Tagebücher oder Erinnerungen davon berichten, wird niemand davon erfahren. Das gilt vor allem für die Zeit vor der Epoche der sozialen Netzwerke.

Etwas anderes als die Trunkenheit ist die Trunksucht, der Alkoholismus, wie man das Trinkverhalten süchtiger Trinker ab Mitte des 19. Jahrhunderts zu definieren begann, als der schwedische Arzt Magnus Huss (1807–1890) den Alkoholismus als eine von Abhängigkeit verursachte Pathologie diagnostizierte. Heute hat die Weltgesundheitsorganisation (WHO) den Begriff eingemottet und ihm die Einordnung als „Abhängigkeitssyndrom von Alkohol" vorgezogen. Dabei handelt es sich nach Ansicht der WHO um eine chronische Erkrankung mit Verhaltensstörungen physischer und psychischer Art, die vom exzessiven kontinuierlichen oder periodischen Alkoholkonsum hervorgerufen wird. Die Definition ist nicht ganz unproblematisch, denn wie schon gesagt, richtet sie sich eher auf die Folgen des Alkoholkonsums als auf die konsumierte Menge. Das italienische Gesundheitsministerium setzt beispielsweise den Akzent auf die zwanghafte Suche nach alkoholischen Getränken und verweist dabei auf den typischen Drang, schon am Morgen gleich nach dem Aufwachen trinken zu müssen, kurz, auf das Suchtverhalten. Was nun die Toleranz gegenüber Alkohol betrifft, begnügt man sich mit dem Hinweis darauf, dass der Süchtige, um „eine bestimmte ersehnte Wirkung zu erlangen", gezwungen sei, seinen Alkoholkonsum kontinuierlich zu steigern. Letzten Endes ist es also auch schwer, die Wirkungen zu definieren, die der Trinker sucht. Das führt unweigerlich dazu, dass es kaum eine für alle gültige Beschreibung geben kann.

Wie schlimm ist es, sich zu betrinken?

Wie alle individuellen und sozialen Phänomene wird auch die Trunkenheit in jeder Epoche anders interpretiert, was Michel de Montaigne (1533–1592) in seinen *Essays* meisterlich auf den Punkt gebracht hat. Die Weisheit der Antiken, hebt der französische Philosoph hervor, fand es keineswegs verwerflich, von großen Trinkgelagen zu berichten: Sokrates (470/469–399 v. Chr.) fürchtete beim Wetttrinken keine Konkurrenz und selbst jener Markus Portius Cato der Ältere (234–149 v. Chr.), der als Cato der Censor in die Geschichte einging, hatte nichts gegen ein Gläschen nach Feierabend. Für Kyros den Jüngeren von Persien († 401 v. Chr.) war die Tatsache, dass er die königlichen Gelage besser vertrug als sein Bruder Artaxerxes (452–358 v. Chr.), ein Grund mehr, sich diesem überlegen zu fühlen. Und letztlich hinterließ der Rausch bei Noah keine weiteren Nachwirkungen, was man vom unglücklichen Kanaan wahrlich nicht behaupten kann. Obschon Montaigne sich distanzierte und von sich behauptete, handfestes Trinken sei weder nach seinem Geschmack noch mit seiner gesundheitlichen Konstitution verträglich, kam er zu dem Schluss, dass der Alkoholrausch unter allen Lastern der menschlichen Gesellschaft bestimmt nicht das schlimmste sei – eher ein erbärmliches und dummes. Für diejenigen allerdings, die mit Phantasie und Kreativität arbeiten, ist sein Potenzial jedoch nicht zu unterschätzen. Das unterstreicht die Schriftstellerin Susan Cheever in ihrer Geschichte der amerikanischen Trinkgewohnheiten (*Drinking in America. Our Secret Story*), in der sie dem *Writer's*

Vice ein Kapitel widmet. Darin erinnert sie, dass die fünf amerikanischen Literaturnobelpreisträger des 20. Jahrhunderts alle ein Alkoholproblem hatten (damals galt die Alkoholabhängigkeit bereits als Pathologie): Sinclair Lewis (1855–1951, 1930 ausgezeichnet), Eugene O'Neill (1888–1953, 1936), Wilhelm Faulkner (1897–1962, 1949), Ernest Hemingway (1899–1961, 1954) und John Steinbeck (1902–1968, 1962).

Montaigne hinzuzuziehen erlaubt einen Blick auf den Umgang der meisten seiner Zeitgenossen mit Alkohol, die nämlich in ihrem Alltagsleben kaum die missbilligenden Vorgaben von Kirche, Monarchie, Moral und Medizin befolgten. Bevor *ivresse et ivrognerie* zu Sünde, Verbrechen, Laster und Krankheit wurden, galten sie als uralte Kulturpraktiken. Wie der Weizen war der Weinstock eine Kulturpflanze und der exzessive Genuss von Wein oder anderen berauschenden Getränken war ein Kulturritual mit entsprechend starker Auswirkung auf die Lebensauffassungen. Dieses Ritual folgte ganz bestimmten Regeln, Glaubenssätzen und Riten und auch der Erinnerung an berühmte Trinker. Auch wenn sich der Betrunkene für seine Kritiker anstößig und lasterhaft verhielt, war er das kaum in den Augen der meisten seiner Zeitgenossen, im Gegenteil, eher lachte man mit ihm als dass man ihn auslachte. Sicher war die Trunkenheit zu verurteilen, wenn sie sich destruktiv innerhalb der Gesellschaft auswirkte, doch war sie in erster Linie ein sozialer Tatbestand. Hauptsache, sie blieb im Rahmen bestimmter Regeln: in guter Gesellschaft zu trinken, nicht zu häufig und nicht über zu lange Zeiträume. Bestimmte Anlässe erlaubten es, Hemmschwellen zu übertreten, allerdings durften sie nicht zu oft stattfinden. Schließlich gehörte der Anspruch auf das Recht, sich zu betrinken, zur kulturellen Identität einer Bevölkerungsgruppe; eine Schlussfolgerung, die sich sehr wohl auch auf die Kulturen Mexikos oder der Anden ausweiten lässt. Dort war der Alkoholrausch als Teil des religiösen und sozialen Lebens sorgfältig reglementiert.

Alkohol gut zu vertragen ist auch heute noch eine Tugend, wie unzählige, in Weinstuben kolportierte Geschichten bekunden. Mein Vater hat mir mit großem Vergnügen eine solche Geschichte erzählt – erlebte Dorfmythologie, die ich leider nicht selbst gehört habe. Sie geht so: In der Dorfkneipe hält ein älterer Herr beim Kartenspiel inne und versinkt in Gedanken. Da er ein gewisses Ansehen genießt, macht sein Schweigen die Gruppe neugierig. Der Anstoß zu seinen Gedanken ist schnell verraten: „Wieviel Wein habe ich in meinem Leben getrunken?". Man nimmt die Tagesration und multipliziert sie entsprechend. Das Ergebnis wird in einem anschaulichen Bild konkretisiert und es offenbart sich ein Tankwagen mit Anhänger, man mag es kaum glauben. Dieses Gleichnis macht den Mann unsterblich, die Geschichte geht vom Vater auf den Sohn über, meine persönliche Erfahrung ist Zeuge. Noch verkneife ich mir den Wunsch, sie meiner Tochter weiterzuerzählen. Vielleicht, sobald sie die Grundschule abgeschlossen hat, denn man weiß ja nie, der Held der Geschichte regt womöglich zur Nachahmung an.

Ganz anders als Montaigne ging der Puritaner Increase Mather (1639–1723) die Sache an, eine politische, intellektuelle und geistliche Führungspersönlichkeit in New England, der unter anderem die Ämter des Rektors und Präsidenten der Harvard

University (damals noch Harvard College) bekleidete und als Indianeragent tätig war. In seiner Schrift gegen die Trunkenheit (*Wo to Drunkards. Two Sermons Testifying against the Sin of Drunkenness*, 1673) prangerte er die Trunkenheit als Sünde an, wozu er sich zahlloser Zitate aus der Bibel bediente und ein Loblied auf die christliche Enthaltsamkeit anstimmte. Seine Vorstellungen mögen einfach gestrickt erscheinen: Der Teufel ist der Grund aller Sünden; alle Getränke sind als solche eine Schöpfung Gottes und daher gut und in Dankbarkeit anzunehmen, doch ihr Missbrauch kommt von Satan. „Der Wein kommt von Gott, doch der Trunkene (*drunkard*) kommt vom Teufel". Diese Zweideutigkeit ist unter den Moralisten, den christlichen Kommentatoren und den modernen Feinschmeckern immer wieder anzutreffen. Die Heiligkeit des Weins muss mit der Sündhaftigkeit des Exzesses ein Auskommen finden, kein leichtes Unterfangen, und gleichsam schwierig ist es festzulegen, wo der Missbrauch beginnt. Wein, das Getränk schlechthin, wird zum Symbol für den Kampf zwischen Mäßigung und Rausch. Nehmen wir zum Beispiel den 1644 in Neapel erschienen Text: *Scalco Spirituale per le Mense de i Religiosi e de gl'altri Devoti. Opera Nova Mista di Medicina Corporale, e Spirituale di Molto profitto a Padri e Maestri dello Spirito, in guidare l'Anime per via d'asprezze e penitenze discrete composta dal p[adre] f[ratello] Henrico da S. Bartolomeo del Gaudio dell'Ordine dei Predicatori. Divisa in Tre Trattati. Dedicata all' ill[ustrissi]ma et ecc[elentissima] Sig[no]ra D[onna] Olimpia Altobrandina Burghesa Principessa di Rosano* (Der geistliche Truchsess für die Tafeln der Geistlichen und anderer Frommer. Neues Sammelwerk über die Heilkunde zu Körper wie Geist von großem Nutzen für geistliche Väter und Lehrmeister, bei der Anleitung der Seelen mittels maßvoller Strenge und Bußstrafen, verfasst vom Pater Ordensbruder Henrico da S. Bartolomeo del Gaudio dell'Ordine dei Predicatori. In drei Traktate aufgeteilt. Gewidmet der ill[ustrissi]ma et ecc[elentissima] Sig[no]ra D[onna] Olimpia Altobrandina Burghesa Principessa di Rosano). Noch heute erinnere ich mich an eine Maxime meines exzellenten Grundschullehrers, nämlich wie der Titel eine extreme Zusammenfassung darstelle. Im Licht dieses stets gültigen Lehrsatzes können wir uns die Pedanterie des Dominikaners, der dieses Schriftwerk verfasste, gut vorstellen. Dieser für unsere Ausführungen aber besonders interessante Autor war ein Arzt, der sich nach dem Tod der Ehefrau dem religiösen Leben – als Missionar in Asien – widmete. Mit dem Begriff „scalco" bezeichnete man den obersten Bediensteten für das Hauswesen, genauer, den Truchsess, der für die Herrichtung der Tafel und für die korrekte Speisefolge zuständig war. Genau darin sah der Dominikaner seine Aufgabe: aus der Höhe seiner medizinischen und theologischen Kenntnisse drei Abhandlungen zu verfassen, die den Mönchen bei der Einhaltung einer Tafeldisziplin helfen sollten.

Um schlecht über Wein zu reden, begann Enrico da San Bartolomeo mit der Definition von Nüchternheit als einem „Weintrinkern entgegengesetzten Akt", wie es im 3. Kapitel des 1. Traktats heißt. Mit Argumenten, die er im Weiteren vertiefte, stimmte der Verfasser eine leidenschaftliche Lobeshymne auf die Mäßigung an, die er der Maßlosigkeit gegenüberstellte. Dabei stellte der Dominikaner den Genuss von Wein nicht einmal gänzlich in Frage – einige besonders Tugendhafte, eine kleine Minderheit, hatten ihm abgeschworen –, vielmehr ging es ihm um maßvollen, moderaten Genuss. Des Weiteren wurden Wasser und Wein einander gegenübergestellt. Wasser entsprach den natürlichen Bedürfnissen des Körpers, Wein hingegen war ein Gelüst, unnatürlich und sinnesgesteuert. Wasser verursachte keine Probleme, Wein hingegen war schuld an Krankheiten, Entzündungen und Rausch. Noch schlimmer, wenn er auf nüchternen Magen getrunken wurde; in diesem Fall verursachte er Epilepsie und Leberschmerzen. Und noch weiter: Er entfachte Zorn, vernebelte das Gehirn, trieb das Fieber höher und löste Wahnvorstellungen aus. Damit nicht genug: Er verursachte Kopfschmerzen, sexuelle Gelüste, schlechten Atem zum Schaden der Umstehenden, machte schläfrig und damit unfähig, sich ins Gebet zu vertiefen, erschwerte die Verdauung, verursachte Schwitzen. Es scheint, als entstünde aus der Traubengärung nur unsäglich Schlechtes. Allenfalls als Heilmittel konnte dem Wein etwas abgewonnen werden, natürlich nur, wenn man ihn in Maßen zu sich nahm. So lauteten die Ratschläge im 17. Kapitel des ersten Traktats. Einige Seiten später legte Enrico da san Bartolomeo noch nach, indem er das zwanzigste Kapitel den vom Wein verursachten Schäden widmete, wobei er zum Nutzen des Lesers auch die Gegenmaßnahmen angab, mit deren Hilfe man nüchtern bleiben konnte. Die negativen Beispiele hatte er schon auf den vorherigen Seiten ausgeführt, was jetzt noch fehlte, waren die sozialen Auswirkungen: Trinker stifteten zum Mittrinken an, noch jungfräuliche Frauen liefen ernsthaft Gefahr, im Rausch ihre Jungfräulichkeit zu verlieren, auch junge Leute waren gefährdet, wie überhaupt alle, die Versuchungen nicht widerstehen konnten. Und bedroht waren vor allem diejenigen, die bei sich zu Hause in der Familie schlechte Vorbilder hatten; Väter und Mütter, die dem Alkoholkonsum verfallen waren, übertrugen ihr Laster auf das Ungeborene, mit den Ammen ging es dann weiter (hier sprach der Arzt, weniger der Prediger). Wie man sich vor Exzessen schützen konnte, war ziemlich einfach. Natürlich gab es „Tiere, Wasser und Pflanzen", mit denen man sich vom Laster befreien konnte. Eine pikante Empfehlung war, Aale oder Frösche in Wein zu ersticken und diesen dann zu trinken, das Ergebnis war gewiss: damit würde einem jede Lust auf Wein vergehen, was wir sofort glauben. Doch das wirksamste Gegenmittel war das Vertrauen auf die auf Mäßigung ausgerichtete eigene Willenskraft: „Ein resoluter Vorsatz und tapfere Entschlossenheit", das war das ganze Geheimnis.

Enrico stand in einer Tradition: Die Völlerei war ein ernsthaftes moralisches Problem für das Christentum geworden, und zwar bereits in den ersten Jahrhunderten seines Bestehens, in der Zeit der Eremiten, der Gründerväter der ersten Mönchsgemeinschaften, die noch in der Wüste Ägyptens entstanden. Um das Jahr 365 verfasste der Wüstenvater Euagrios Pontikos (345–399) seine sogenannte „Achtlasterlehre", eine Auflistung von acht Sünden beziehungsweise böser Gedanken, die es zu vermeiden galt, um nicht vom Dämon besiegt zu werden. Die Völlerei war die erste Versuchung, gefolgt von der Wollust – ein in den folgenden Jahrhunderten äußerst erfolgreiches Begriffspaar. Es war dann Papst Gregor I. (ca. 540–604), Gregorius Magnus, der in seiner *Moralia in Iob* die sieben Hauptsünden definieren sollte, zu denen auch er die Völlerei und die Wollust zählte, die beiden einzigen körperlichen Verfehlungen in einer Liste von sonst eher geistigen Sünden. Der gefährlichste Aspekt des Lasters Völlerei war maßloses Trinken, das zu schlimmen Taten verleiten konnte. Ähnlich wie Gregorius dachten viele Kirchengelehrte, so auch Thomas von Aquin (1225–1274), für den Abstinenz die Mäßigung beim Essen und Nüchternheit die Mäßigung beim Trinken bedeuteten.

Die mystische Rolle von Wein und Chicha

Zwischen der Kirche und der resoluten Verurteilung der Trunkenheit steht die mystische Bedeutung des Weins, eine nicht unerhebliche Angelegenheit angesichts seiner Rolle in Glaubensgleichnissen und in der Liturgie. Noch bevor das letzte Abendmahl zum Sakrament wurde, gibt es das erste Wunder Jesu auf der Hochzeit zu Kana, das im Johannes-Evangelium erzählt wird (Joh 2,1–11). Jesus war mit seiner Mutter und seinen ersten fünf Jüngern zu einer Hochzeit eingeladen worden (und man liegt mit der Annahme bestimmt nicht falsch, dass mancher Gast über den Durst getrunken haben wird). Da wies ihn die Mutter daraufhin, dass der Wein ausgegangen sei. Nach einem ersten, fast unwirschen Moment („Weib, was geht's dich an, was ich tue? Meine Stunde ist noch nicht gekommen") befahl der Messias den Dienern, einige Amphoren mit Wasser zu füllen. Als sie auf den Tisch kamen, offenbarte sich ihr Inhalt: Wein, und zwar von so guter Qualität, dass dem Bräutigam begeisterte Komplimente gemacht wurden. „Jedermann gibt zuerst den guten Wein und, wenn sie trunken geworden sind [damit erhält die Annahme, dass die Trunkenheit Teil des Drehbuchs sei, noch mehr Gültigkeit], alsdann den geringeren; du hast den guten Wein bisher behalten". Abgesehen vom theologischen Gehalt des Wunders zeigen die Evangelien deutlich, dass Jesus keineswegs ein asketischer Abstinenzler war, im Gegenteil: Er nahm an Tafelrunden teil, und das in der Rolle eines Protagonisten, wie hier in Kana und auch bei weiteren Anlässen. Alle kennen die Schilderung des letzten Abendmahls am Gründonnerstag vor Ostern, bei dem Jesus den Weinkelch mit den Worten der Eucharistie, aus der eine der liturgischen Grundlagen der katholischen Kirche wurde (Markus 14, 23–24), seinen Aposteln reichte. Wenn dem so ist, wie kann dann diese Kirche einen logischen und überzeugenden Diskurs finden, um den übermäßigen Konsum eines Getränks, das vom Sohn Gottes geheiligt wurde, zu verdammen? Es ist nicht gesagt, dass sich darauf eine Antwort finden lässt, außer ein eher allgemeiner, nicht wirklich erschöpfender Appell an die Mäßigung, wie es immer wieder in den Schriften der christlichen Tradition vorkommt, etwa bei Benedikt von Nursia (ca. 480–547). Wer eine entschiedene Stellungnahme zugunsten der Abstinenz von Wein und Fleisch forderte, dem erwiderte Benedikt, das sei prinzipiell richtig und gut, aber realistischerweise kaum von den Mönchen seiner Zeit zu erwarten. Besser sei es, sich mit einem maßvollen Konsum zufrieden zu geben. Nun ließe sich darüber debattieren, was unter „maßvollem Konsum" zu verstehen ist, vor allem im Licht der Forschungen von Philibert Schmitz, der in seinem monumentalen Werk zur Geschichte des Benediktinerordens für die Mönche des 14. Jahrhunderts einen Tageskonsum von etwa 2 bis 4 Litern Wein pro Kopf errechnet hat. Sicherlich war der Alkoholgehalt niedriger als der, an den wir heute gewöhnt sind, dennoch, es bleibt eine stattliche Menge.

Diese subtile Verstrickung zwischen Wein und Mystik schuf allerhand Probleme im Missionsleben. Das erste Konzil von Lima (1551) untersagte den Ureinwohnern die Teilnahme an der Feier des Sakraments der Eucharistie. Beim zweiten Konzil (1567) wurde dieses Verbot teilweise wieder aufgehoben, um die Durchsetzung der tridentinischen Prinzipien zu garantieren, nach denen die Kommunion wenigstens zu Ostern oder angesichts des bevorstehenden Todes empfangen werden sollte. In Wirklichkeit wurden Verbote und Einschränkungen nicht aufs Komma genau befolgt, auch weil es dann häufig passierte, dass die Priester der einheimischen Religionen die Gläubigen mit alternativen Riten versorgten.

Im Bericht, den die Jesuiten in missionarischer Tätigkeit in der Regel jedes Jahr nach Rom schickten (dieser hier ist auf 1639/40 datiert), meldete Nicolás Durán Mastrillo (1570–1653), dass die indigenen „Geistlichen" für den Ausschluss aus der Kommunion auf ihre Art Abhilfe schufen, indem sie die Gläubigen zusammenriefen und erklärten: So wie die Spanier ihrem Gott Brot und Wein anbieten, in dem Glauben, dass sich diese in sein Fleisch und in sein Blut verwandelten, geschehe das Gleiche mit Maisbrot und Chicha (ein ebenfalls aus Mais gegorenes alkoholisches Getränk) für die Götter der Anden. Diese Simulation der Kommunion wurde tatsächlich zelebriert, obendrein in beiden Versionen (Brot und Wein, Mais und Chicha), und das galt im damaligen Europa als klares Zeichen von Protestantismus. Der Kommentar im Anschluss an diese Schilderung lautete: Die Ureinwohner wollten beide Ritualformen, denn „ihr Leben ist Trinken". Zwei Jahre zuvor hatte ein anderer Jesuitenmissionar Francisco Patiño de Lara (1589–1660) berichtet, dass in der Nähe der Bergwerkstadt Potosi, heute in Bolivien, ein Kult um den Apostel Jakob entstanden sei, bei dem ein Rauschpilz wie eine Hostie eingenommen wurde. Statt solche Überlagerungen zu dulden, hielten es verschiedene Missionare für besser, die indigene Bevölkerung auf die Kommunion vorzubereiten und ihnen freien, aber gut informierten Zugang zu gewähren. Damit festigten sich einige Verhaltensregeln, darunter die von Felipe Waman Puma de Ayala (wahrscheinlich 1534–1615) – ein unter Spaniern aufgewachsener Christ und einer der bekanntesten einheimischen Chronisten. In seinem von vielen intensiv erforschten Werk *El Primer nueva coronica y buen gobierno* (zwischen 1600 und 1615 geschrieben) befasste er sich immer wieder mit den alkoholischen Trinkgewohnheiten der Inka, gerade auch im Hinblick auf ihre Teilnahme an der Eucharistiefeier. Seiner Ansicht nach sollte kein Ureinwohner zugelassen werden, soweit er nicht in voller christlicher Überzeugung darum bat, indem er seine Sünden bereute oder nachweisen konnte, nie betrunken gewesen zu sein und nie Chicha, Wein oder Koka-Blätter zu sich genommen zu haben, alle drei Substanzen, die zum Rausch führten, zum Götzendienst, zu Sünde und Gewalt bis hin zu Mord.

Wasser trinken tut nicht gut

Ein alter, in Italien weit verbreiteter Spruch lautet: *Il vino fa sangue e fa cantare mentre l'acqua fa male perché arrugginisce* (Wein macht gut Blut und bringt zum Singen, Wasser tut nicht gut, weil es rosten lässt). Abgesehen davon, wie diese Vorstellung zustande kam, liegt ihr eine historische Wurzel inne: Über Jahrhunderte hielt man Wasser für ein schädliches, ungesundes Getränk, im Gegensatz zu vergorenen und destillierten Getränken, die gut desinfizierten und zudem nahrhaft seien und heilsame Wirkung hätten. Man glaubte, dass alkoholische Getränke sogar Anspannungen und Depressionen bekämpfen könnten. Der hebe die Hand, der noch nie hat sagen hören: Im Rausch lässt sich Liebeskummer ertränken, nur um ein Beispiel zu nennen. Paulus von Tarsus (5/10–64/67) gab dem jüngsten Apostel in seinem ersten Brief an Timotheus (ca. 17–97) viele Ratschläge, darunter, nicht nur Wasser, sondern auch Wein zu trinken, um dessen häufige Magenschmerzen zu beheben (1. Tim 5, 23). Klar, vor allem ging es um Mäßigung, wenn es stimmt, was Paulus – weiter im Timotheusbrief – bei der Aufzählung der Tugenden eines Bischofs hervorhob:

> Darum soll ein Bischof unsträflich sein, eines Weibes Mann, nüchtern mäßig, sittig, gastfrei, geschickt zur Lehre, nicht dem Wein ergeben, nicht händelsüchtig, sondern gelinde, nicht zänkisch, nicht geldgierig. (1. Tm 3,2–3).

Um keine Missverständnisse aufkommen zu lassen, schrieb Paulus Folgendes an die Korinther:

> „Weder die Unzüchtigen noch die Götzendiener noch die Ehebrecher noch die Weichlinge noch Knabenschänder noch die Diebe noch die Geizigen noch die Trunkenbolde noch die Lästerer noch die Räuber werden das Reich Gottes ererben" (1. Kor. 6,9–10).

Doch zugleich verbaten es die Puritaner nicht, dass am Tag des Herrn Kranke und Schwache oder diejenige, die sich von Unpässlichkeiten erholen mussten, Spirituosen zu sich nehmen durften.

Zwischen dem Apostel und der Ankunft der Europäer auf dem amerikanischen Kontinent liegen 1600 Jahre Geschichte, reich an Ereignissen und sicher nicht arm an Wein. Im Mittelmeerraum war Wein das Hauptgetränk, man könnte sogar sagen, über viele Jahrhunderte hinweg das einzige. Augustinus von Hippo (354–430) sah in ihm ein tägliches, unverzichtbares Nahrungsmittel. Sicherlich wegen der sakralen Rolle des Weins im Christentum, aber auch aufgrund mangelnder Alternativen (Bier war den Mittel- und Nordeuropäern vorbehalten, Branntwein gab es – zumindest auf dem Alten Kontinent – bis ins Spätmittelalter noch nicht) sowie aus hygienischen Motiven. Das zwar lebenswichtige Wasser war nämlich oft von miserabler Qualität und der Zusatz von Alkohol diente auch dazu, es zu desinfizieren. Einerseits sterilisierte Wein das Wasser – ein kurioses Abhängigkeitsverhältnis – und andererseits wurde Wein mit Wasser verdünnt und verlängert. Wein pur zu trinken galt über Jahrhunderte als irgendwie unangemessen, das richtige Verhältnis zu kennen war ein sicheres Zeichen für gute Manieren. Im Mittelalter änderten sich die Sitten langsam und man begann Wein pur zu trinken. Weiterhin hielt sich die Vorstellung aufrecht, Wein wäre gesund. Zu den Überzeugungen von Paulus aus seinem Brief an Timotheus kam der Ratschlag hinzu, Wein zu trinken, um Ansteckungen zu verhindern, allen voran mit der Pest. Auch damit lässt sich der enorme Alkoholkonsum der Mönche des 14. Jahrhunderts erklären. In der Neuzeit kam es gegen Ende des 16. Jahrhunderts erneut zu einem Wandel, als große Ordensreformen, ein neues Körperverständnis in der katholischen Mystik und der deutliche Anstieg alltäglicher Trunkenheit aufeinanderstießen. Die Ordenserneuerer bezogen klar Stellung zum Thema Ernährung, ein zentraler Punkt der Gelübdedreiheit der Benediktinermönche: Abstinenz – die Enthaltsamkeit von jeglichen Sinnesfreuden – sollte auch Verzicht auf genussbringende Nahrungsmittel bedeuten. Laut Armutsgelübde sollte man sich auf äußerst schlichte Speisen und Getränke beschränken und der Gehorsam sah vor, nur auf Anweisung der Ordensoberen zu konsumieren.

Ziehen wir als Beispiel die Speiseregelungen aus den allgemeinen Vorschriften (*Consuetudini generali*) heran, die in den Kollegien der Gesellschaft Jesu im Venetien des 17. Jahrhunderts vorherrschten und aus denen deutlich hervorgeht, wie wichtig man es mit der Reglementierung jeder Einzelheit nahm. Zunächst einmal galt es, ein Auge auf die Hilfsburschen zu halten, denen vorgeschrieben war, nicht reinen, sondern nur mit Wasser verdünnten Wein einzuschenken. In den Ruhepausen war den Jesuiten maximal ein Glas Wein gestattet, diesmal aber unverdünnt. Im Sommer, genauer in den letzten Junitagen, beauftragte der Leiter des Kollegs jemanden, stets für einen Krug frischen Wassers auf dem Tisch zu sorgen, nach der Regel „acciò egli possi attendere a rinfrescare il vino" (damit er den Wein erfrischen kann). Bestimmt liegt man auch nicht falsch mit der Vorstellung, dass über die Erfrischung bei großer Hitze hinaus darauf achtgegeben wurde, dass nicht zu viel – obschon gesund und notwendig – Flüssigkeit zu sich genommen wurde. Der *refettoriero*, der für die Mahlzeiten im Refektorium Zuständige, hatte dafür zu sorgen, dass bei Tisch kein Wein übrigblieb, das hieß bei den Mahlzeiten für ausreichend, aber nicht übermäßig viel Wein zu sorgen. Gegen Verschwendung und Völlerei sollte man wie folgt vorgehen: Was übrigblieb, wurde in einem Tongefäß gut verschlossen und für die nächste Mahlzeit aufbewahrt.

Mit Wein wird auch der Großmut der Kirche assoziiert; wie eine Mutter sorgt sie – so der römische Arzt Paolo Zacchia (1584–1659) – für ihre Kinder. In seinem Werk über die Fastenzeit führte er aus: In der Heilkunde ist bekannt und bewiesen, dass Wein die Gelüste des Fleisches – und nicht zu knapp – anregt. Würde man ihn allerdings verbieten, wäre der Schaden größer als der Nutzen, denn außerhalb der einzigen Mahlzeit, die in der Fastenzeit erlaubt ist, Durst zu erleiden, würde den Körper zu sehr schwächen. Mit erstaunlichem Realitätssinn bietet Zacchia in seinem Werk eine Reihe nützlicher Vorschläge, wie sich im Fall von Nervenkrankheiten Wein schadlos konsumieren ließ, denn in seiner Zeit glaubte man, der Trank aus gegorenen Trauben könnte diese Pathologie verschlimmern. Doch keine Angst, für den (ziemlich wahrscheinlichen) Fall, nicht auf ihn verzichten zu können, empfahl sich Maß zu halten, einen leichten Wein zu wählen, weder zu sauer noch zu kräftig im Aroma, und am besten mit ein wenig Heilwasser verdünnt. Ähnliche Ratschläge findet man in den ärztlichen Verschreibungen für Ignatius von Loyola (ca. 1491–1556), der sein Leben lang unter Magenschmerzen litt, nachdem er in Folge seiner Konvertierung eine derart rigorose Diät befolgt hatte, dass sie ihn fast umgebracht hätte.

Deutsche Trinkgelage

Der Angriff der Reformation auf die katholische Tradition führte zum großen religiösen Bruch im Europa des 16. Jahrhunderts. Kritik am anderen kam ebenso von der Gegenseite, denn auch die Katholiken hatten einiges zu bemängeln. Wenn die Protestanten die Verbreitung der Völlerei innerhalb des römischen Klerus monierten, war eine der Waffen der Gegenseite, das Trinkverhalten der germanischen Völker unter Beschuss zu nehmen. Den Jesuiten Petrus Canisius (1521–1597) nannte man den „Apostel Deutschlands" aufgrund seiner Bemühungen, Gläubige, die jenseits der Alpen zum Protestantismus übergewechselt waren, wieder zum katholischen Glauben zurückzuführen. Auf dem Höhepunkt seiner Mission (Januar 1583) schrieb er einen langen Brief an den Generalsuperior des Ordens, Claudio Acquaviva (1543–1615). Darin antwortete er auf die Frage, die man ihm als größtem Kenner der Deutschen gestellt hatte: Was konnte und sollte die Gesellschaft Jesu tun, um möglichst viele Lutheraner davon zu überzeugen, wieder in den Schoß der Kirche Roms zurückzukehren? Kein einfaches Problem, und bevor man mögliche Ratschläge erteilte, konnte es nützlich sein, etwas über die Menschen zu erfahren, an die man sich richten wollte. Canisius, ursprünglich aus den Niederlanden, beschrieb auch die Essgewohnheiten der Bevölkerung: Bei den Germanen handele es sich recht maßlose Menschen, ständig hungrig und durstig, vom kalten Klima dazu angehalten, schon von klein an viel und deftig zu essen. Das war aber keine Entschuldigung für die schlechte Angewohnheit, sich häufig zu betrinken, vor allem, wenn das den Klerus betraf, und dazu kam auch noch ein Hang zu Tischgelagen, wilder Ehe und Simonie. Wollte man nördlich der Alpen den Katholizismus wieder attraktiv machen, musste man all dies berücksichtigen.

Die Deutschen tranken gern Bier, das wusste man in Rom bereits seit Ende des 1. Jahrhunderts n. Chr., nachdem Publius Cornelius Tacitus (ca. 55 – ca. 120) in seinem Werk *Germania* geschrieben hatte, dass er dort ein Getränk kennengelernt hatte, das aus Gerste und Weizen gebraut wurde, ähnlich vergoren wie Wein, der dort hingegen kaum bekannt war. Anders als Canisius fand der römische Historiker ihr Essverhalten eher gemäßigt. Ganz anders ihr Trinkverhalten: „Leistet man ihrer Trinklust Vorschub und verschafft ihnen so viel, wie sie begehren, wird man sie gewiss nicht weniger leicht durch ihre Laster als mit Waffen besiegen". Bei den Tischgelagen, betonte Tacitus, flossen die Worte frei und ohne Vorbehalte und je mehr getrunken wurde, umso wahrhafter wurde geredet, so dass jeder sagte, was er wirklich dachte (*in vino veritas* wussten schon die Römer). Allerdings trafen die Germanen ihre Entscheidungen erst am Tag nach dem Gelage, wenn die Wirkung des Alkohols verflogen war und man ihn nicht mehr für Fehlentscheidungen verantwortlich machen konnte.

Der Durst nach Bier, das war die – tief verwurzelte – Schwachstelle eines ganzen Volkes. Schauen wir uns das Leben von Hrabanus Maurus an (ca. 780/784–856), der von der katholischen Kirche wie ein Heiliger verehrt wurde. Er lebte im Kloster von Fulda, wo kein Wein gereicht wurde und man stattdessen Wasser und Bier (*cervisia*) trank. Für Martin Luther (1483–1546) war das helle schäumende Getränk ein nebensächliches Problem. Völlerei beim Essen und Trinken war für ihn eine persönliche Entscheidung, Ausdruck der neuen Freiheit des Christenmenschen, der sich von den falschen, von der römischen Kirche erfundenen Zwängen emanzipiert hatte, für ihn, einer Eingebung folgend, sogar Teufelswerk. Wegen dieser Überzeugungen nahm ihn die katholische Ikonografie aufs Korn, stellte ihn als fettleibigen, von seiner übermäßigen Leidenschaft für Bier gezeichneten Mann dar. Eine Leidenschaft, die der Reformator nie geleugnet hatte. Tatsächlich prangerte Luther in mehreren Schriften immer wieder die exzessiven Essgewohnheiten seiner Landsleute an, für ihn allerdings eher ein Problem der öffentlichen Ordnung, wie wir heute sagen würden, als ein religiöses. Um die Gedanken des Reformators aus Wittenberg kennenzulernen, eignen sich seine *Tischreden* besonders gut, zwischen 1531 und 1544 von verschiedenen seiner Tischgesellen – vornehmlich Studenten – gesammelt und gedruckt. Sein Standpunkt ist zwiespältig. Einerseits akzeptierte Luther keine Einschränkungen durch die Vorschriften der römischen Kirche und zeigte sich somit ziemlich nachsichtig im Hinblick aufs Trinken; er brüstete sich sogar damit, viel vertragen zu können. Andererseits aber verurteilte er die Exzesse der Betrunkenen scharf. Der Schlüssel zur Abgrenzung lag in der Unterscheidung zwischen sittlicher und kanonischer Norm, zwischen einfachem Fehlverhalten und Versündigung, zwischen regelmäßiger oder gelegentlicher, privater oder öffentlicher Trunkenheit. Doch verleihen wir seinen Thesen konkrete Form und lassen den Vater der Reformation selbst zu Wort kommen.

In einer Rede vom 19. Februar 1533 unterschied er zwischen „Sünde" und „kleiner Sünde" (*peccata* und *parva peccata* in der ursprünglichen Niederschrift) und forderte seine Zuhörer auf, der Traurigkeit zu entfliehen, und sei es auch nur, um in „kleinen Sünden" wie Essen, Trinken, Tanzen, Musizieren oder Spielen ein wenig Trost zu finden. Fast vier Jahre später sprach er aus eigener Erfahrung: Dazu eingeladen, über Noahs Trunkenheit zu referieren, erzählte Luther seinen Tischgenossen, er habe am Abend zuvor ausreichend getrunken und könne nun als Experte darüber reden. Einer der Tischgäste, der Theologe Konrad Cordatus (ca. 1480–1546) hielt ihm entgegen: Es wäre besser gewesen, er hätte genau das Gegenteil getan. Darauf antwortete Doktor Luther, dass jedem Land gewiss seine Fehler verziehen werden sollten. Die Mähren stopften sich voll, die Vandalen plünderten. Die Deutschen tränken wie die Landsknechte; was wäre typisch für einen Deutschen, vor allem einen, der weder Gesang noch Frauen liebte, wenn nicht Wein?

Kurz und gut, den Gemeinplatz vom Deutschen als kapitalem Trunkenbold und Biertrinker, schon für Tacitus klar, teilte auch der große Reformator. Andererseits sprach er sich auch deutlich gegen allzu hohen Bierkonsum aus, etwa, als er in einer Predigt am Sachsenhof die Exzesse anprangerte („ich habe recht scheußliche Dinge gegen das Trinken gepredigt"), aber erfolglos. Denn daraufhin baten ihn die beiden Hofbeamten Hans von Taubenheim († 1541) und Nikolaus von Minckwitz (ca. 1485–1549), sich damit abzufinden. An den Höfen musste einfach getrunken werden, um einen Gast angemessen feiern und willkommen heißen zu können, denn nüchtern ließen sich die langweiligen Tänze und Turniere kaum ausrichten. Luther gab sich keinen Illusionen hin; seine Reden würden keinen Wandel der Trinkgewohnheiten herbeiführen. Wie er sagte, war Kurfürst Georg von Sachsen (1471–1539) selbst ein so kräftiger Mann, dass der Alkohol, der bei ihm gerade genügte, seinen Durst zu stillen, bei anderen für einen Vollrausch gereicht hätte. Was wieder ein Beweis für die Unmöglichkeit ist, für die Trunkenheit im Lauf der Geschichte allgemein gültige Kriterien zu definieren. Luther fuhr fort: Man könne sich nicht einmal auf die weltliche Autorität verlassen, die weit mehr als die geistliche dazu berechtigt sei, über ihre Untertanen zu wachen und zu verhindern, dass diese sich maßlosen Exzessen hingaben. Nur zur Erinnerung: Georg von Sachsen war katholisch.

Während Luther seine Triumphe feierte, schonte Michel de Montaigne die Deutschen nicht mit seinem Urteil über ihr Trinkverhalten. Nach ihm waren die Deutschen „la plus grossière nation de celles qui sont aujourd'huy" (das grobschlächtigste Volk von allen), aber immerhin fähig, ohne große Einbußen mit ihrer Trunksucht zu leben, denn die germanischen Soldaten konnten – sowohl im 16. Jahrhundert wie bereits in römischer Zeit – noch so betrunken sein, vergaßen dabei aber nie ihren Standort, Befehl und Dienstgrad. Vielleicht fühlte der französische Philosoph sogar einen Anflug von Neid, als er betonte, dass die Fähigkeit sich auch ohne guten Wein betrinken zu können, eigentlich von Vorteil sei: Man brauche keine feinen Geschmacksnerven, um über die Stränge zu schlagen. Es reiche, sich zu begnügen und schon läge das Vergnügen in Reichweite.

Die Katholiken konnten aber trotzdem nicht ruhig schlafen, unabhängig von den protestantischen, von Petrus Canisius und anderen kritisierten und von Luther bis zu einem bestimmten Grad verteidigten Rauschzuständen. Das Verhalten des nur noch formal romtreuen Klerus war beileibe keine Hilfe, zeichnete es sich doch durch die Missachtung der kanonischen Regeln und häufige Episoden von Völlerei, Trunksucht und Lasterhaftigkeit aus. Liest man zwischen den Zeilen der Dekrete des Konzils von Trient, fällt eine der ersten, schon in der zweiten Sektion verabschiedete Norm (7. Januar 1546) auf, die die Disziplin festlegte, die von den Konzilsteilnehmern und ihren Begleitern verlangt wurde. Die Ersten waren darin aufgefordert, bei den Mahlzeiten nüchtern zu bleiben und sich maßvoll zu verhalten sowie darauf aufzupassen, dass die Zweiten sich von Raufereien, Wein, Betrügerei, Lasterhaftigkeit, Hochmut, Lästerei und verschiedenen Sinnesgelüsten fernhielten. Die Rekonstruktion des

Lebens in den Jahren während des Konzils lässt uns ahnen, dass diese Norm nur sehr unzureichend eingehalten wurde.

Dass die, die sich von der Kirche Roms entfernt hatten (oder ihr nie angehört hatten, wie im Falle Amerikas), der Trunksucht in der Regel sehr zusprachen, hielt sich über lange Zeit in der katholischen Wahrnehmung, wie aus verschiedenen Quellen hervorgeht. Mit der Ausweitung der Evangelisierung interessierte man sich zunehmend für die Essgewohnheiten im östlichen Europa wie auch in den Welten jenseits des Atlantik. Um die Ernennung von Giovanni Paolo Campano (1540–1592) zum Provinzvertreter in Polen vorzubereiten, schickte Generalsuperior Claudio Acquaviva 1581 einen Gesandten dorthin, der sich ein Bild machen sollte, und zwar den Sizilianer Giovanni Battista Carminata (1536–1619). Aus den Anweisungen, nach denen das Kolleg von Jaroslaw inspiziert werden sollte, geht klar hervor, wie sehr sich das Interesse auf die Tischgewohnheiten richtete, und dass es dabei darum ging, jeden Exzess zu vermeiden. Es folgten genaue Vorgaben bezüglich der nötigen Mäßigung in der Fastenzeit und weitere hinsichtlich des Bierkonsums – in der Provinz besonders verbreitet und beliebt – und man forderte dazu auf, Bier nur zu seltenen Anlässen zuzugestehen und dann nur denjenigen, die ausdrücklich darum baten, auf keinen Fall allen, die am Essen teilnahmen. Offenbar herrschte bei den Jesuiten Ende des 16. Jahrhunderts die Furcht vor, dass Bier eine regelrechte Versuchung darstelle. Das galt nicht in gleichem Maße für Wein. Die deutschen Jesuiten waren ihrerseits überhaupt nicht sicher, ihre eigenen Trinkgewohnheiten ändern und auf Bier verzichten zu können. 1617 antwortete der Nachfolger von Acquaviva, Muzio Vitelleschi (1563–1645), wiederholt auf Nachfragen von Mitbrüdern aus Deutschland, dass die Gewohnheit, am Nachmittag Bier zu trinken, im Widerspruch zu den Regeln eines gesunden Lebens und der Nüchternheit stünde, die man sich von den Mitgliedern der Gemeinschaft Jesu erwartete.

Das Verhalten des Trinkers ist oft von einer gewissen Überheblichkeit charakterisiert, die aus seiner Erfahrung herrührt oder zumindest aus der Überzeugung, am besten über dieses Thema Bescheid zu wissen. Das wiederholt sich teilweise in der europäischen Vorstellung von den Gebräuchen der Ureinwohner: Man schaut von oben auf sie herab. Das lässt sich im Spruch zusammenfassen: „Man muss trinken können", den wahrscheinlich viele im Lauf ihres Lebens zu hören bekommen haben. Vielleicht hilft eine persönliche Erfahrung von mir, das Konzept deutlich zu machen. Ich war mit einer Gruppe von Freunden in München, der Hauptstadt des Biers schlechthin; untergebracht waren wir bei Familien vor Ort, die so freundlich waren, uns zu beherbergen. Einer von uns, minderjährig und besonders schmächtig, bestellte vorlaut einen halben Liter Bier und verfiel sehr schnell in einen allarmierenden Zustand. Er konnte kein klares Wort mehr fassen, lallte und torkelte von mitleidsvollen Freunden gestützt durch die Straßen. Die zwanzigjährigen Experten gaben alle Ratschläge, die wundersame Erholung versprachen. Ernst wurde es, als einer der besten Freunde des Betrunkenen demjenigen Mut zu machen versuchte, der bereits fürchtete, seine diplomatischen und linguistischen Fähigkeiten unter Beweis stellen und den Bewusstlosen ins Krankenhaus begleiten zu müssen. „Er hat geredet", sagte er. „Gottseidank", kommentierten wir erleichtert. „Und was hat er dir gesagt?". „Mamma", lautete die nicht gerade beruhigende Antwort. Mir war längst klar, dass der Glaube, sich aufs Trinken zu verstehen, uns hier nicht weiterhelfen konnte. Also beschlossen wir, uns an unseren Gastgeber zu wenden, der uns großzügig mit einem Dach über dem Kopf und einer warmen Mahlzeit versorgt hatte. Auch wenn wir seine mögliche Reaktion angesichts dieses Alkoholmissbrauchs fürchteten. Der Mann schaute unseren betrunkenen Freund an und fragte, wie viel er denn getrunken hätte. Einen halben Liter, war die Antwort. Der lakonische Kommentar, nicht gerade elegant, aber unmissverständlich, war: „Du bist ein Scheißkerl". Im Bett erholte sich der Unglückliche langsam nach vierundzwanzig Stunden Ruhe. Nun, der nüchterne Kommentar des bayrischen Gastgebers machte uns allen klar: Ja, er war trinkfest.

Mir ist dieses Abenteuer bei der Lektüre des Abschnitts „The Art of Getting Drunk" in der berühmten Biografie von James Boswell (1740–1795) des englischen Schriftstellers Samuel J. Johnson (1709–1784) wieder in den Sinn gekommen. In Dialogform verfasst, spiegelt das Werk anhand des Lebens von Johnson die englische Gesellschaft des 18. Jahrhunderts detailliert wider. Hier begreift man, dass die Wirklichkeit alles andere als nüchtern war, und dass der Unterschied zwischen gesellschaftstauglich und asozial in Sachen Trunkenheit eben genau in der „Kunst des Betrunkenseins" lag. Johnson erklärte: Dem Trinken hatte man sich mit großer Sorgfalt zu widmen, und dem Mann, dem man seine Betrunkenheit anmerkte, ging diese Kunst völlig abhold. Ein Beispiel: Wer es nicht gewohnt war, zu trinken, lief leicht Gefahr, sich in eine Gesellschaft zu begeben, die er nüchtern nie ausgewählt hätte, und durch die er in gefährliche oder kriminelle Situationen geraten konnte. Johnson erzählte von sich selbst, dass er sich – sobald er merkte, zu tief ins Glas geschaut zu haben – schnell und unbeobachtet auf den Heimweg machte, um solchen Gefahren aus dem Weg zu gehen. Nicht trinken kam also nicht in Betracht. Die bewusste Wahrnehmung vom eigenen alkoholisierten Zustand, fügte Johnson hinzu, hatte derjenige, der daran gewöhnt war, sich selbst zu beobachten und nicht der haltlose Trunkenbold. Die eigene Trunkenheit kontrollieren zu können, das war die wirklich nützliche Strategie.

All das waren die Vorstellungen zum Thema Trunkenheit, die die europäischen Christen in die Neue Welt mitbrachten.

II Vor uns. Europäische Sichtweisen und einheimische Gepflogenheiten

Die Quellen

Die Beschreibung der Trunkenheit ist Bestandteil der westlichen Kultur, wir wissen das und das sagt uns auch – um nur ein Beispiel zu nennen – ein Blick ins Wörterbuch des amerikanischen Slangs. Darin lassen sich mehr Begriffe für betrunken (*drunk*) finden als für jedes andere Adjektiv. Das „Vor uns" im Titel des Kapitels kündigt einen eurozentrischen Blickwinkel an, – derer, die den amerikanischen Kontinent kolonisierten. Es ist richtig, das auszusprechen und sich darüber bewusst zu sein, auch weil wir letztlich keine andere Wahl haben: Die Quellen zeigen uns immer nur den Blickwinkel derer, die kamen und die Gebräuche der anderen beschrieben, voller Vorurteile und oft auch mit der allzu selbstgewissen Entschlossenheit, Regeln und Verhaltensnormen einzuführen, die man für besser, weil zivilisierter erachtete. Wir glauben nicht, dass sich diese Sichtweise im Lauf der Zeit überholt hat, sie überlebt nach wie vor. Andererseits, wenn wir die Geschichte des amerikanischen Kontinents erzählen wollen, können wir diese Quellen nicht außer Acht lassen, aber wir müssen uns immer darüber im Klaren sein, wie, von wem und weshalb sie geschrieben wurden.

Bei Ankunft der ersten Europäer auf dem amerikanischen Kontinent, den wir heute als Lateinamerika kennen, waren die Reiche der Azteken im zentralen Teil und der Inka in den Anden die größten, beide stark von Krieg und militärischer Macht abhängig. Für beide Kulturen war der Alkohol ein wesentliches Element ihrer Politik. Das Getränk der Inka, aus fermentiertem Mais gewonnen und Chicha genannt, spielte als rituelles Instrument eine feste Rolle bei religiösen Zeremonien und auch bei der Gefügigmachung von Staaten, die sie auf ihren Eroberungszügen besiegten. Dahingegen beschränkten sich die Azteken beim Konsum ihres – aus der Fermentierung von Agavensaft gewonnenen – Pulque auf ganz bestimmte Anlässe und auf ausgewählte Sozialgruppen. Um soziale Unruhen zu verhindern, ging man so weit, Trunkenheit sehr hart zu bestrafen. Ähnlich ging man auch in den Anden vor. Alkohol war ein wichtiger Bestandteil der Gebräuche der indigenen Bevölkerung, letztlich kaum anders als in der christlichen Gesellschaft Europas.

Als ich zum ersten Mal an der Universität von Trient Geschichte der Geschichtsschreibung unterrichtete, nutzte ich die Freiheit des recht allgemein gehaltenen Lehrthemas, um einen Kurs zur atlantischen Geschichte anzubieten. Das erwies sich als ausgesprochen ergiebig, lehrreich und machte manchmal richtig Spaß. Die beiden wichtigsten Botschaften, die ich übermitteln wollte, waren: Grenzen sind dazu da, überschritten zu werden und „alles ist Geschichte". Um diese Behauptung, die ich für eine grundlegende Wahrheit halte, konkret erfahrbar zu machen, schlug ich die Analyse des Liedes *Latinoamérica* der Rap-Gruppe Calle 13 aus Porto Rico vor. Das fand in der Seminarstunde statt, die sich mit den historischen Wurzeln von Musik-

http://doi.org/10.1515/9783110674972-003

richtungen beschäftigte, die jenseits des Atlantik komponiert, produziert und gehört werden. Meine Absicht war es, die Kontamination zwischen den verschiedenen Stilen (Jazz, Rap, Samba unter anderen), wie auch die Bedeutung der Textinhalte herauszuarbeiten. Denn das Meisterwerk der Gruppe Calle 13 hat wirklich eine einmalige Kraft der Synthese. Unter den zahlreichen Verweisen auf die Bedeutung von *Latinoamérica* fehlt es auch nicht an Anspielungen auf alkoholische Getränke und das, was ich in einem der nächsten Kapitel „Rausch ohne Alkohol" nenne. Und so gehören zu den typischen Merkmalen des Kontinents – neben Maradona und seinem Doppel gegen England (Weltmeisterschaften in Mexiko 1986) – auch eine „von Peyote und einem Schluck Pulque berauschte Wüste, um mit den Kojoten zu singen", „die Backenzähne in meinem Mund, die Koka-Blätter kauen" und „ein Weinberg voll mit Trauben".

Die ersten Europäer auf mexikanischem Boden – Militärs, Politiker und Geistliche – berichteten immer wieder von den weit verbreiteten, ausschweifenden Trinkritualen der indigenen Bevölkerung. Diesen Schilderungen ist mit Vorsicht zu begegnen, denn wir sind uns bewusst, dass sie eher den Standpunkt des hohen Beamten oder Missionars wiedergeben und weniger den tatsächlichen Umgang der Einheimischen mit Alkohol. Vor allem liefern sie eine geografisch und sozial begrenzte Sicht auf die reale Lebenswelt der Azteken, denn ihre Informanten entstammten vornehmlich der Aristokratie. Zu den vielen notwendigen Vorbehalten im Umgang mit den Quellen aus der Kolonialzeit gehört es ebenfalls, im Gedächtnis zu behalten, dass mit „indianisch" fälschlicherweise jedes indigene Volk bezeichnet wurde, von den Huronen bis zu den Araukanern. Doch Vorsicht: Die Eroberer waren nicht so naiv, dass sie die Unterschiede zwischen den indigenen Ethnien, auf die sie trafen und die sie mit der Zeit kennen lernten, nicht erkannt hätten; die spanischen Chroniken belegen zum Beispiel ein gewisses Bewusstsein dafür. Das heißt aber nicht, dass ihre Sicht nicht doch zu allzu leichtfertiger Klassifizierung von Gemeinsamkeiten neigte, vor allem, wenn es sich in ihren Augen – derer, die von der anderen Seite des Atlantik neu angekommen waren – um Negatives handelte. Und dazu gehörte zweifellos die Trunkenheit.

Der kreolische Chronist Juan Suárez de Peralta (ca. 1540–1613) drückte sich bei seiner Beschreibung der Lebensgewohnheiten der Indigenen Mexikos um 1589 ziemlich drastisch aus:

> Ich glaube, es gibt auf der ganzen Welt keine Bevölkerung, die sich derart betrinkt: da sie nicht nur trinken um des Genusses willen oder um ihren Durst zu stillen, sondern um umzufallen. Wenn sie nicht mehr weitertrinken können, stecken sie sich die Finger in den Mund und erbrechen, was sie getrunken haben, um erneut trinken zu können, bis sie jählings wieder umfallen.

Man erstellte Klassifizierungen, die aus heutiger Sicht ziemlich anmaßend daherkommen, damals aber von großem Erfolg gekrönt waren. Am verbreitetsten war die des Jesuiten, Missionars und Theologen José de Acosta (1539-1600) *De Procuranda Indorum Salute*, die er in der *Historia Natural y Moral de las Indias* noch verfeinerte.

Er war lange als Missionar in Peru tätig gewesen und hatte sich in der Karibik und in Mexiko aufgehalten. Seine Kenntnis der amerikanischen Welt war damit zwar gut, aber natürlich dennoch begrenzt. Im Vorwort der *Historia Natural* versuchte Acosta das falsche Bild von den indigenen Gemeinschaften, wie es in Europa und unter den Missionaren der Neuen Welt verbreitet war, zu korrigieren. Als erstes durfte man nicht meinen, die Ureinwohner des amerikanischen Kontinents seien alle „von derselben Natur und Verfassung", handelte es sich doch vielmehr um unzählige Volksgruppen, jede mit eigenen Riten und Gebräuchen. Und für jede sei eine andere Verwaltung vorzusehen, jeweils dem Fall angepasst. In der Regel waren sie keineswegs hinterhältig, pervers und unreif, im Gegenteil, vielmehr erwiesen sie sich oft als geschickt, sanftmütig, bescheiden und gehorsam. Sie verachteten Luxus und Reichtum, und hatte man sie gut unterrichtet, zeigten sie sogar eine gewisse Beständigkeit in katholischer Frömmigkeit. Die Laster, die die Spanier von der anderen Atlantikseite mitbrachten, waren häufig weitaus schlimmer, in erster Linie die Trunksucht. Acosta definierte als *indios* „alle Barbaren, denen die Spanier und die Portugiesen in unserer Epoche begegnet sind, nachdem sie mit ihren Schiffen den immensen Ozean überquert hatten". *Indio* und Barbar waren Synonyme für ihn, was nicht ganz ohne Bedeutung ist. Seine Klassifizierung sah die Einteilung der „Barbarennationen" in drei Kategorien vor, er zählte auch die orientalischen Bevölkerungen dazu und hielt sich dabei an die aristotelische Theorie von der Unterscheidung zwischen Griechen und Barbaren. Zur ersten Gruppe, so der Jesuit, gehörte, wer der Ratio und den sozialen Gewohnheiten der menschlichen Spezies verhaftet war und sich in Literatur auskannte: zum Beispiel die Chinesen und Japaner. Diese waren im Hinblick auf die Evangelisierung, dem eigentlichen Interpretationsschlüssel von Acostas Denken, den Griechen und Römern zur Zeit der Predigten der Apostel vergleichbar. Die zweite Gruppe umfasste jene „Barbaren", die, nach einer strikten militärischen und religiösen Sozialordnung lebten, obschon sie die Schrift, geschriebene Gesetze, Philosophie und Wissenschaften kannten. Damit waren die Azteken und Inka gemeint. Zu dieser Klassifizierung konnte man auch Araukaner und weitere Einwohner des Territoriums von Chile zählen – Stämme, die in Dörfern lebten und ihre Anführer selbst ernannten. Diesen Menschen musste – laut Acosta – das Evangelium mit Nachdruck, aber ohne Gewalt nahegebracht werden. Geistliche und Soldaten sollten im Einklang vorgehen, und den Ureinwohnern ihre eigenen Gewohnheiten lassen, solange diese nicht mit der christlichen Religion und den Naturgesetzen in Kontrast standen. Klar war, dass Gruppenbesäufnisse nicht geduldet werden konnten. Über die dritte Klassifizierung hatte Aristoteles geschrieben, dass man sie wie Tiere jagen und gewaltsam unterwerfen könne, denn in ihrer Wildheit seien sie eher Tiere als Menschen. Sie lebten nach Acosta am südlichen Rand des amerikanischen Kontinents (in zum Teil noch unbekannten Gebieten), in Brasilien und in Florida. Dort hatten sich die Ureinwohner schuldig gemacht, die ersten jesuitischen Missionare, die in der Neuen Welt ankamen, getötet zu haben. Auch in kaum erforschten asiatischen Gebieten, zum Beispiel auf den Molukken und den Salomon-Inseln, gab es noch unbekannte Volksgruppen. Ganz sicher würde man unter ihnen das Laster der Trunksucht finden. All diese Bevölkerungen mussten in erster Linie erzogen werden, damit sie menschliche Züge annahmen und soziale und sexuelle Praktiken aufgaben, die der Autor für bestialisch hielt. Der erste Schritt zu ihrer Menschwerdung und Erziehung war, sie in Dörfern anzusiedeln, um das Nomadentum auszurotten, was aber möglicherweise Gewaltanwendung erforderlich machte. Bald darauf schlug der Theologe eine grundsätzliche Erneuerung der Drei-Gruppen-Klassifizierung vor, und zwar in seinem Werk *Historia Natural y Moral de las Indias*, das er einige Jahre nach *De Procuranda* verfasste. Vielleicht war er sich über seine keineswegs vollständigen Kenntnisse der orientalischen Welt bewusst geworden, weshalb er die Einteilung nun auf die Bevölkerungen des amerikanischen Kontinents beschränkte, was, wenn man so will, den Aufstieg der Azteken und Inka in die erste Gruppe bedeutete. Der Rest blieb unverändert.

Mit der Konsolidierung der Präsenz der Spanier werden auch die Quellen immer zuverlässiger, je mehr sie Informationen aus erster Hand enthalten. Damit sind beispielsweise die Aussagen in den Prozessen wegen Götzenanbetung gegen einige einheimische Aristokraten gemeint, noch bevor die Inquisition in Mexiko Fuß fassen konnte (1561). Diese Quellen gehen auf das Ende der 1530er Jahre und den Anfang der 1540er Jahre zurück und sind damit noch recht zeitnah an den ersten Kontakten zwischen den beiden Kulturen, der indianischen und der europäischen. Das Gesamtbild, dass sich aus den Informationen ergibt, vermittelt einen letztlich überaus maßvollen Alkoholkonsum, dafür aber eine bunte Vielfalt an Anlässen und Regeln, nach denen in der Gruppe getrunken wurde (ein anderes, komplexeres Thema ist das individuelle Trinken). Es scheint, dass die erwachsenen Männer sich bei festlichen Anlässen hemmungslos betranken, während man im Alltag völlig nüchtern blieb. Angesichts der Übereinstimmung der Quellen wird man mit hoher Gewissheit behaupten können, dass in der Zeit vor der Kolonisation zumindest in einigen Azteken-Gebieten die Trunkenheit sehr hart bestraft wurde – sogar mit dem Tod –, wenn sie außerhalb der erlaubten Anlässe vorkam. Das war das Gesetz, wie streng es angewendet wurde, lässt sich schwerlich sagen. Ähnliche Zeugenberichte betreffen die Volksgruppen in den Anden beziehungsweise deren Alkoholkonsum. Im Laufe der Zeit hatte der Gruppenrausch als sakraler Akt in Europa an Bedeutung verloren. Durchaus üblich in paganen Kulten, in der griechisch-lateinischen Antike sowie in der germanischen Welt, war er mit dem Aufkommen des Christentums verloren gegangen. Nicht verblasst war der soziale und rituelle Charakter des Trinkens, etwa das gemeinsame Trinken in den Bruderschaften und Ordensgemeinschaften, das häusliche Anstoßen, die Trinkgelage in Wirtshäusern auf dem Dorf und in der Stadt. Diese Gewohnheiten behielt man auch in den europäischen Ansiedlungen auf dem amerikanischen Kontinent bei. Eine Quelle unter vielen ist die Erzählung von Jorge Juan y Santacilia (1713–1773) und Antonio de Ulloa y Torre-Guiral (1716–1795). Die beiden Wissenschaftler machten Mitte des 18. Jahrhunderts (1747) eine Reise durch das spanischen Amerika und beschrieben das Fest einer Bruderschaft: Nachdem sie der Messe beigewohnt hatten, betranken sich die Mitglieder mit Chicha, die sie selbst in die Kirche mitgebracht hatten, in der sie über drei, vier Tage prassten, ohne dass der Pfarrer eingegriffen hätte, wohl darauf bedacht, keine Unruhen zu provozieren.

Wenn man glaubt, was der Franziskanermönch Diego de Landa (1524–1579) schrieb, der unter den Bewohnern der Yucatán-Halbinsel (Land der Maya) lebte, betranken sich offenbar auch die Frauen bei den Gelagen, blieben dabei aber unter sich. Tatsächlich durften sie sich nicht mit den Männern zu Tisch setzen, obwohl sie ihnen die Speisen zubereiteten, und obschon auch sie dem Alkohol zusprachen, wenn auch nie so exzessiv wie die Männer. Bleibt anzumerken, dass de Landa wohl der Hauptverantwortliche für die Zerstörung der Maya-Kultur war und dafür, dass sie in Vergessenheit geriet – ein nicht gerade unparteiischer Beobachter.

Doch kehren wir zum „vor uns" zurück. Aufschluss darüber, wie die kirchlichen Amtsträger aus Europa die Trunksucht der Einheimischen beurteilten, geben die Akten der ersten Synode von Quito (1570), eine Diözese, deren Territorium sich damals weit über die Grenzen des heutigen Ecuador hinaus erstreckte. Auf der Synode wurden verschiedenste Probleme des bischöflichen Verwaltungsbezirks behandelt, für die man entsprechende Lösungen suchte. Um das zu erreichen, konnte man nicht umhin, die negativen Aspekte (in den Akten „Aberglauben der Urbevölkerung" genannt), die es zu beheben galt, eingehend zu analysieren. Trunkenheit galt als Todsünde, die den Geist schwächte und die Willenskraft raubte. Den Ureinwohnern (*estos naturales*) – so stand es in den Akten – fehlte es an Disziplin und Reinlichkeit, man musste sie mit Nachdruck von der Barbarei befreien, insbesondere bei den Anlässen an denen sie sich sündig verhielten. Ihre Lasterhaftigkeit zeigte sich in den kolossalen Besäufnissen, denen sie sich immer wieder bei verschiedensten Gelegenheiten hingaben. Bei der Einweihung einer neuen Behausung, bei der Geburt eines Kindes, bei Taufen, Hochzeiten, wenn sie ihre Toten zu Grabe trugen oder wenn sie auf den Feldern säten, tanzten sie und feierten ihre alten heidnischen Riten. Bei diesen Anlässen waren es ihre eigenen Hexenpriester, die sie dazu anstachelten, zu Ehren ihrer Götzen zu tanzen und so viel zu trinken, dass sie, im Vollrausch, Inzest und andere verwerfliche Sünden begingen. Angesichts solcher Gräuel konnten die Christenmenschen nicht untätig bleiben, weshalb man vor allem die Geistlichen dazu anhielt, sehr darauf zu achten, dass solche Exzesse nicht mehr vorkamen, oder, im schlimmsten Fall, etwas gegen die von den betrunkenen Ureinwohnern begangenen Sünden zu unternehmen.

Kehren wir den Synodenteilnehmern von Quito für eine Weile den Rücken und gehen zurück ins Alte Europa. In Frankreich ist die *pendaison de crémaillère* (wörtlich: Aufhängung an der Kesselsäge, im Deutschen das Richtfest) das Fest, mit dem man den Einzug in eine neue Wohnung feiert. Die Tradition stammt noch aus dem Mittelalter, als man nach Ende eines Hausbaus die Handwerker zu Speis und Trank einlud. Der Name des Festes bezieht sich darauf, dass man das Festessen zubereitete, indem man einen großen Kessel an eine Zahnstange hing, entlang derer man die Topfhöhe und damit die Kochhitze regulieren konnte. Diese sogenannte „Kesselsäge im Kamin" war das letzte, was in einem neuen Haus angebracht wurde, und damit das Zeichen, dass die Arbeiten beendet waren. Können wir mit Gewissheit davon ausgehen, dass alle dabei nüchtern blieben? Folgende Geschichte ist nicht erfunden. Sie gehört der Generation an, die meiner vorangegangen ist, und erzählt von einem Mann, dessen Taufname nur dem ähnelt, den er eigentlich hätte tragen sollen und den seine Eltern für ihn ausgesucht hatten, oder sagen wir besser, seine Mutter. In Folge des glücklichen Ausgangs der Geburt begab sich der Vater leicht angetrunken ins Einwohnermeldeamt, wo er in den verborgenen Windungen seines angeschlagenen Gedächtnisses vergeblich nach dem für das Kind bestimmten Namen suchte. Bei den Versuchen des Beamten, ihm zu helfen, kamen sie auf „Fabio", wo eigentlich ein Flavio vorgesehen war. Und so erhielt das Kind den Namen Fabio. Nur die Namen sind ausgedacht. Kaum einer von uns wird Schwierigkeiten haben, sich an Episoden zu erinnern, bei denen die Sakramente der Eheschließung mit kollektiven Besäufnissen begrüßt wurden, die denen in nichts nachstehen, die man sich in den Gassen eines Dorfs in den Anden vor einem halben Jahrtausend vorzustellen hat. Und damit? Vergessen „wir" vielleicht so uns selbst, um auf den Splitter im Auge des anderen zu zeigen?

Die Schilderungen der Kolonialisten sind nicht die einzigen Quellen, die uns über die Bedeutung fermentierter Getränke in der Zeit, bevor die Europäer nach Amerika kamen, berichten. Was die Anden betrifft, wird die Meinung der ersten Chronisten von archäologischen Funden untermauert. Sie belegen, dass ein Großteil der Behälter für den alltäglichen Gebrauch Spuren von Alkohol enthalten, während die Ausgrabungsstätten und ihre Lage Aufschluss über die rituelle Funktion der alkoholischen Getränke geben. Das bestätigen zudem Malereien sowie Isotopenanalysen an menschlichen Überresten, wobei letztere den Konsum vergorener Getränke belegen. Die zunehmende Genauigkeit solcher Untersuchungen ermöglicht es sogar, eine Art Chronologie des Alkoholkonsums über die Jahrhunderte in den Anden nachzuzeichnen. Auf eine Phase, in der Drogen und nicht alkoholische Rauschmittel überwogen, folgte offenbar eine Zeit (200 v. Chr.–600 n. Chr.), in der sich alkoholische Getränke durchzusetzen begannen, um dann in den folgenden Jahrhunderten eine beherrschende Rolle zu spielen, bis mit der Ankunft der Spanier diese Traditionen aus den Fugen gerieten.

Die Quellen berichten, dass man sich im spanischen Amerika sehr gut mit Gärtechniken auskannte, anders als im Nordteil des Kontinents, in den Territorien an der nordöstlichen Küste. Anderswo hingegen kannte man nicht nur alkoholische Getränke, sondern setzte sie auch bei rituellen Anlässen ein. Daher wird im Kapitel über die Trinkgewohnheiten in der Zeit vor der Kolonisation den Bevölkerungen im zentralen und südlichen Amerika unweigerlich der Vorzug gegeben. Die Destillation war hingegen überall in der Neuen Welt gänzlich unbekannt, erst die Kolonisatoren führten sie ein. Ihr Entstehen geht auf die griechischen Alchimisten in Alexandria im ersten Jahrhundert nach Christi Geburt zurück. Anhand archäologischer Spuren lässt sich beweisen, dass diese Technik auch in China bekannt war, und zwar ungefähr im selben Zeitraum, vor allem aber während der östlichen Späten-Han-Dynastie (25–220 n. Chr.). Ab dem 8. Jahrhundert finden sich in China immer mehr Spuren, während sich in Europa die Destillation erst im 13. Jahrhundert – zunächst an der Medizinschule von Salerno – verstärkt durchzusetzen beginnt. Das Wort Alkohol stammt vom arabischen Wort *al-kuhl* ab, ein Begriff, mit dem ein Produkt der Grundlagenchemie bezeichnet wurde, ein sehr feines und reines Pulver, das in der Augenheilkunde und in der Kosmetik zur Anwendung kam. In der weiteren Entwicklung bezeichnete der Begriff eine äußerst reine Substanz, eine Essenz von etwas, nahezu dessen Sublimierung, und genau in dieser Bedeutung ist er in den europäischen Sprachgebrauch eingegangen. Zum ersten Mal taucht er 1543 in der englischen Sprache auf, um ein aus der Erwärmung chemischer Substanzen erworbenes Extrakt zu bezeichnen. Erst ein paar Jahrhunderte später übernahm das Wort seine spezifische Bedeutung für das berauschende Ergebnis der Gärung und der Destillation.

Die Getränke

Pulque (*octli* in der Nahuatl-Sprache), ein alkoholisches Getränk mit kaum mehr als 7–8% Alkoholgehalt, entsteht aus der Fermentation des Pflanzensafts der Maguey-Agaven, die vor allem auf der Hochebene Zentralmexikos verbreitet sind. Das Nahuatl war die Sprache, die die Azteken den Nahua-Völkern als Verkehrssprache auferlegten, unter denen die Azteken die bekannteste und mächtigste Volksgruppe waren. Die Pflanze spielte für sie eine derart wichtige Rolle, dass sie zu einer kultisch verehrten Gottesgabe wurde und das Trinken von Pulque lange vor der Ankunft der Spanier Bestandteil des rituellen Lebens. Die Herstellung des alkoholischen Getränks war sehr einfach, man brauchte nur etwas Zeit und irgendeine Art Zucker; jeder konnte dieses Getränk herstellen. Es wurden ihm wohl wegen seines Vitamingehalts auch Heilkräfte zugesprochen. Die Annahme, Pulque sei reich an Nährstoffen, scheint begründet und damit war er ausgesprochen hilfreich, um den Mangel an Gemüse in der Nahrung der Nahua-Völker auszugleichen. Im Unterschied zu vielen anderen alkoholischen Getränke lässt sich Pulque nicht konservieren; normalerweise wird er nach einigen Tagen schlecht (deswegen ist sein Geschmack in Europa auch kaum bekannt). In der Regel wurde er pur getrunken, aber häufig reicherte man ihn mit weiteren Aromen an: Früchten, Rinden, Kräutern und sehr bald auch mit den Importen aus Europa (Orangen, Pfirsichen, Zuckerrohr). Für die Missionare gehörte er sofort in die Kategorie des Bösen, das es zu bekämpfen galt. So war für den französischen Franziskaner Bernadino de Sahagún (1499–1590), der sich eingehend mit der Nahuatl-Kultur befasst hatte: „der Wein, der sich *octli* nennt, die Wurzel und der Beginn aller Verderben und jeder Lasterhaftigkeit".

Für die Spanier war die Herstellung des Getränks geheimnisumwoben, wie der Franziskanermissionar Motolinía bezeugt hatte, für den die Beimischung eines Krauts mit Namen *ocpatl* während der Gärung, die Indigenen „grausam und bestialisch" machen konnte, während der „normale" Pulque – in Maßen genossen – eine stärkende und heilende Wirkung hatte und dafür sorgte, dass die Menschen gesund blieben. In Wahrheit gab es nichts Geheimnisvolles, es war nur, dass sich die Herstellungsweise von der unterschied, die die spanischen Konquistadoren als erste kennengelernt hatten. Eine königliche Anordnung von 1529 verbot den Anbau von *ocpatli*, ein Verbot, das sich aus zwei Motiven erklärte. Das erste betraf die öffentliche Ordnung und zielte darauf ab, den Konsum von besonders aufputschenden Substanzen innerhalb eines potenziell gefährlichen Kontextes einzuschränken. Das zweite Motiv war rein wirtschaftlicher Art: Die Spanier waren stark daran interessiert, den Konsum des traditionellen Pulque zu unterstützen, um dessen Vertrieb kontrollieren zu können. Das Getränk benebelte leicht, verursachte aber keinen unangenehmen Rausch. Und wenn zehn bis fünfzehn Liter Pulque pro Kopf nötig waren (mit dem Kraut *ocpatli* wesentlich weniger) um sich zu betrinken, wird nachvollziehbar, dass größere Mengen Alkohol höheren Profit bedeuteten, also besser Pulque als *ocpatli*. Trotz der vielen kritischen Stimmen gegen Pulque lässt sich feststellen, dass die Spanier ihn bald selbst konsumierten. Er ließ sich leicht beschaffen, war preiswert und in großen Mengen verfügbar, während der aus Spanien eingeführte Wein sehr teuer und nach der langen Schiffsreise über den Ozean oft nicht mehr genießbar war.

Doch das in den Anden am meisten verbreitete Getränk war Chicha, die aus der Fermentation von Mais gewonnen wurde. Sie war selbst unter den Stämmen der extremen Randgebiete verbreitet, sowohl im Norden (heute Kolumbien) als auch im Süden (vor allem unter der indianischen Ethnie der Guaraní). Viele Chronisten beschrieben Beschaffenheit, Herstellung und Varianten von Chicha wegen ihrer zentraler Rolle in Ernährung und Kultur der indigenen Einwohner.

Antonio da León Pinelo (ca. 1595–1660), ein spanischer Kanoniker, gilt als glaubwürdiger Beobachter der Lebensgewohnheiten jenseits des Atlantik. In Spanien geboren hatte der hoch geschätzte Rechtsgelehrte einen Teil seiner Kindheit und seine ganze Jugend auf dem Neuen Kontinent verbracht. Nachdem er in den Regionen Tucumán und Charcas gelebt hatte, studierte er schließlich im Jesuitenkolleg in Lima. Zurück in seinem Heimatland wurde er von der obersten Kolonialbehörde *Consejo de Indias*, dem Indienrat, mit der Zusammenstellung der „Gesetze der Indias" betraut (*Leyes de Indias*), eine Sammlung all der Dekrete, die im Lauf der Jahre von der Spanischen Krone erlassen worden waren, um das Leben in den Kolonien zu regeln. 1634 schloss er diese Arbeit ab. Unter seinen Rechtstexten sind für uns vor allem die Auslegungen in seinem Werk *Question moral si el chocolate quebranta el ayuno ecclesiastico* (Moralische Frage, ob Schokolade das kirchliche Fasten stört, 1636) sehr nützlich. Der Titel bezieht sich nur auf Schokolade, tatsächlich behandelt die Schrift aber noch viele andere Getränke, die León Pinelo im Hinblick auf die Fastenzeit untersuchte, indem er Inhalt, Herstellung, Wirkung und Konsum beschrieb. Zu Beginn des Kapitels, das sich mit Chicha befasste, verteidigte León Pinelo die Entscheidung von Francisco de Toledo (1516–1582), zwischen 1569 und 1581 Vizekönig von Peru, ihren Konsum angesichts der Exzesse, denen sich „die Indios in den Provinzen von Peru" regelmäßig hingaben, zu reglementieren. Der Autor merkte besorgt an, dass die gesetzlichen Verordnungen ihr Ziel nicht erreicht hätten. Chicha, so führte der Rechtsgelehrte aus, ließ sich aus verschiedenen Früchten und Getreiden herstellen, wurde aber normalerweise aus der Fermentation von Mais gewonnen. Soweit er wusste, gab es drei Sorten: die erste, in Chile *muday* genannt und in Perù *chicha tostada*, entstand aus geröstetem, gemahlenem und (in Wasser) gekochtem Mais, man ließ sie ein wenig säuerlich werden und so lange ziehen, bis die Flüssigkeit hell wurde. Damit war das Getränk für den Verzehr bereit und man trank ihn in erster Linie gegen den Durst. Die zweite Sorte war für Feste, Tafelfreuden und für „normale Trinkgelage" bestimmt, in Peru nannte man sie *azua* und in Chile *perper*. Dafür ließ man Maismehl eine ganze Weile auf dem Feuer und dann ging es „wenig sauber" weiter: Der Maisbrei wurde gekaut und in große Gefäße gespuckt, in denen man ihn mit Wasser erneut zum Kochen brachte. Einmal abgekühlt trank man ihn mit großem Genuss und in reichlichen Mengen. Die Inka tranken diese Sorte am liebsten, vielleicht, weil sie am ehesten zu Kopf stieg. Die missionarisch tätigen Jesuiten stießen auch unter den Guaraní auf diese Art der Herstellung von Chicha, wo der religiöse Kult vorschrieb, dass jungfräuliche Mädchen den Brei nach dem ersten Kochvorgang kauten. So ging man auch im Inka-Reich vor, wo der Prozess der Gärung vom Speichel von Frauen unterstützt wurde, die man nach unseren kulturellen Maßstäben als geweiht bezeichnen würde. Sie wurden *mamaconas* genannt und waren streng hierarchisch organisiert. An deren Spitze standen die *yurac aclla*, die mit der Königsfamilie verwandt waren: Jungfrauen, die im Verborgenen an nur für sie bestimmten Orten in der Hauptstadt lebten (El Cuzco) und als die Bräute der Sonne angesehen wurden. Eine Stufe niedriger standen die *paco accla*, die dazu bestimmt waren, Anführer und hohe Würdenträger zu heiraten. Auf der dritten Ebene gab es die *yanac aclla*, die Dienerinnen. Alle *mamaconas* bekleideten eine wichtige religiöse und politische Rolle und waren hochgeachtet, auch weil sie wertvolle Stoffe sowie die für die religiösen Riten bestimmte Chicha herstellten. Nur diese Chicha der „Priesterinnen" durfte vom Inka und von den Priestern getrunken beziehungsweise den Göttern dargebracht werden. Das betraf allerdings nur eine sehr geringe Menge der gesamten Chicha-Produktion im Reich. Der Löwenanteil lag bei der häuslichen Herstellung für den alltäglichen Konsum, auch das Aufgabe der Frauen. *Azua* kam bei den Ritualen des Ahnenkults zum Einsatz, aber auch bei besonderen Anlässen wie der Einweihung eines neuen Hauses oder bei der Heilung von Kranken. Der jesuitische Missionar José de Arriaga (1564–1622) berichtete, dass Kranke mit dem Maislikör sogar gewaschen wurden. Der Konsum war streng geregelt und in manchen Fällen konnte sogar eine Verurteilung zum Tode in Betracht gezogen werden, sollte sich jemand außerhalb der erlaubten Anlässe betrinken. Meist wurden die Betrunkenen öffentlich bestraft. In den Quellen findet sich auch mindestens eine Angabe über männlich Beteiligung an der Herstellung des Getränks und zwar um männliche Jugendliche im Rahmen des Initiationsrituals, das während des im Dezember gefeierten Festes *Capac Raymi* zu Ehren der Sonne stattfand. Zusammenfassend kann man sagen, dass es zwischen Chicha, die besonderen Personen und Anlässen vorbehalten war, und Chicha für den Alltag klar zu unterscheiden gilt.

Diese Überlegung führt uns zum dritten, von León Pinelo beschriebenen Getränk, das *sora*, *vinapu* oder *yale* genannt wurde. Hergestellt wurde es ähnlich wie die anderen Getränke. Mais wurde zunächst gekeimt, dann geröstet und gekocht und ruhte schließlich als Aufguss. Daraus entstand ein alkoholisches Getränk, das stärker war als die anderen und bereits in geringen Mengen schnell betrunken machte. Auch *sora* wurde bei rituellen Zeremonien getrunken, vor allem unter den Volksgruppen der Sierra, die es *tecti* nannten. Dort verwendete man grünen Mais, den nur die *parianas*, die „für die Arbeit Bestimmten", ernteten. Anschließend wurde er von jungen Frauen gekaut, die in diesem Zeitraum nichts zu sich nehmen durften, auch keine *aji* (scharfe Paprikaschoten) und Salz, und obendrein keine sexuellen Beziehungen unterhalten durften.

Ein Modell, bei dem Männer die Produktion übernahmen, gab es im Chimú-Reich, das zwischen dem 13. und 15. Jahrhundert an der Nordküste von Peru existierte (heute die Provinzen Tumbes und Lima), bis es vom Inka Túpac Yupanqui (ca. 1430–1475) erobert wurde, der einen Vasallenstaat daraus machte. Uns liegen nur wenige Quellen vor, doch soweit wir wissen, kann man auch in diesem Fall davon ausgehen, dass der rituelle Konsum eine wesentliche Rolle spielte – wahrscheinlich wurden der Chicha weitere, halluzinogene Substanzen beigemischt – und offenbar war man sehr viel toleranter, wenn es um Trunkenheit außerhalb der rituellen Anlässe ging.

Aufgrund archäologischer Funde wissen wir, dass in den Anden Maislikör bei kollektiven Zusammenkünften bereits um 1100 v. Chr. getrunken wurde. Und aller Wahrscheinlichkeit nach wird seine Herstellung wie seine Verwendung damals eine starke religiöse Bedeutung gehabt haben. Man nimmt an, dass das Getränk bei Zeremonien zu Ehren der Gottheiten sowie der Ahnen getrunken wurde, gefolgt von der rituellen Verbrennung der Behältnisse, in denen es fermentiert und aus denen es getrunken worden war. Garcilaso de la Vega berichtet, dass das Volk unter dem Inka Pachacútec (Túpac Inca Yupanqui, ca. 1400 – ca. 1471) täglich Chicha trinken durfte, er erinnert aber auch daran, dass in der Zeit, als die Spanier kamen, der Konsum streng reglementiert und der Rauschzustand nur zu besonderen zeremoniellen Anlässen zugelassen war. In der Zeit der Inka-Herrschaft (Tawantinsuyu zwischen 1438 und 1533) war Chicha eng an die Machtausübung gebunden und insbesondere an zwei dafür in der Kultur der Anden typische Charakteristika: Gastlichkeit und Handel. Über den Konsum des Getränks ließen sich drei wesentliche soziale und religiöse Ziele erreichen: Integrationserleichterung durch bestimmte Rituale; Institutionalisierung verschiedener Rechtsstellungen bei Übergangsriten sowie jenen der Machtzuordnung oder -anerkennung; Arbeitsorganisation durch Tischgelage als Gegenleistung. Ganz gewiss lässt sich davon ausgehen – was nicht nur die Informationen León Pinelos bestätigen, sondern weitere Chronisten wie auch archäologische Funde –, dass die Herstellung von Chicha eine wesentliche symbolisch-religiöse Rolle spielte und deshalb auch teilweise von der herrschaftlichen Autorität geregelt wurde.

Der Whisky, der zu Geronimos Tod beitrug, war nicht das erste alkoholische Getränk, das sein zu den Apachen gehörenden Chiricahua-Stamm kannte. In der

Zeit der ersten Kontakte mit den Weißen lebten sie in einem Gebiet, das Arizona, das südwestliche Neumexiko (heute Vereinigte Staaten), das nördliche Sonora und Chihuahua (Mexiko) umfasste. Zwei vergorene Getränke gehörten zu ihrer Ernährung, Tulapah und Tiswin genannt. Ersteres war eine Art starkes Bier aus Weizen, das in einem komplexen Verfahren hergestellt wurde. Dazu wurde das vorbereitete Weizenkorn zuerst in einem besonders geschützten Raum fermentiert, dann zu Pulver zermahlen, danach wurden weitere Zutaten hinzugegeben, das ganze aufgekocht, gefiltert, erneut gekocht, abgekühlt und dann ließ man es fermentieren. Aus diesem komplexen Vorgang ging ein Getränk hervor, das wie Pulque schnell verdarb und deshalb rasch getrunken werden musste. Für die Apachen war es ein wichtiger Bestandteil ihres täglichen Speiseplans. Außerdem galt Tulapah als Heilmittel, als Diuretikum und Abführmittel.

Weniger komplex war das Herstellungsverfahren von Tiswin, den man aus der Agave gewann und den die Chiricahua unter anderen Apachen-Stämmen verteilten. Als Küchenprodukt war seine Herstellung Frauensache. Die Frauen kochten Agavenherzen, bis diese breiig und schleimig wurden, pressten sie aus und die so entstandene Flüssigkeit ließ man fermentieren. Auch die Wüstenpflanze *desert spoon*, der Süßhülsen- oder Mesquitebaum (eine Hülsenfrucht) oder Weizen konnten für die Herstellung von Tiswin verwendet werden, der ähnlich wie Tulapah schnell verdarb. Dass die beiden gegorenen Säfte rasch getrunken werden mussten, führte zu geselligen Gelagen, die in den Augen der europäischen Beobachter als besonders sündhaft galten. Man erzählte sich, dass die Eile, die Vorräte des Getränks so rasch wie möglich aufzubrauchen, zu kolossalen Besäufnissen führte, die oft in kollektive Schlägereien und orgiastische Feste ausarteten. Zumindest überliefern das die – anklagenden und moralisierenden – Berichte der Missionare. Die Apachen erzählen die Geschichte sehr viel schlichter: Auf die Herstellung des alkoholischen Getränks folgte stets ein Fest, zu dem Freunde und Nachbarn beiderlei Geschlechts eingeladen wurden, damit die Frucht der Arbeit nicht verloren ging. Man setzte sich im Kreis zusammen, redete, lachte, erzählte sich Geschichten und trank. Sicherlich achtete man in diesen Momenten nicht auf Zurückhaltung, und sich zu betrinken gehörte dazu, vor allem bei denen, die zum ersten Mal mitmachten (um die 14 Jahre) und noch nicht mit Alkohol umzugehen wussten. Für das Sozialleben der Gemeinschaft war das ein wichtiger Moment, aber bestimmt nicht nur, um sich hemmungslos zu besaufen. Wenn wir den indigenen Erzählungen zum Tiswin Beachtung schenken – das Gleiche gilt für viele andere fermentierte Getränke – versteht man auch seine wichtige Rolle in der Ernährung: Von den Männern, die von den Anthropologen in der ersten Hälfte des 19. Jahrhunderts befragt wurden, erfährt man, dass das Getränk die Menschen bei mühsamen Durchquerungen der Sierra stärkte oder dass man es in Dürrezeiten auch Kindern verabreichte.

Die soziale und religiöse Funktion gegorener Getränke

Juan de Betanzos (ca. 1510–1576), spanischer Diplomat und Schriftsteller, der während seiner langen Jahre in Peru wichtige Ämter innehatte, erzählte über die Sitten der gehobenen Stadtbevölkerung in Cuzco, dass Gästen immer ein Glas Chicha angeboten wurde und dass man es unmöglich ablehnen konnte. Ähnliches weiß man von den ersten Begegnungen zwischen den jesuitischen Missionaren und den Guaraní-Stämmen: Keine Gastlichkeit ohne Chicha (diesmal nicht nur aus Mais, sondern bisweilen auch aus Maniokwurzeln oder Süßkartoffeln hergestellt). Auch bei uns gibt es heute noch ähnlich Sitten. Meine Erfahrungen mit der Gastlichkeit Istriens beispielsweise sind an das Anbieten von Alkohol geknüpft, vorzugsweise selbstgebranntem Schnaps. Und der Alkoholgrad steht in direktem Verhältnis zum Grad der Vertrautheit, die man mit dem Gast herstellen möchte.

Wir haben es gerade gesehen, dass in der Inka-Kultur der durch Gärung gewonnene Alkohol ein wichtiges Element regelmäßig wiederkehrender Feste darstellte, die das Gemeinschaftsleben und sein Rollenverständnis festigten. Männer und Frauen ohne Macht durften ihn trinken, wenn ihnen von den höherstehenden Rängen der sozialen Pyramide die Erlaubnis dazu erteilt wurde. Die Feiern zur Zeit des Inka-Reichs Tawantinsuyu folgten einem konsolidierten Schema: Zuerst aß man und dann trank man. Allerdings spielten die Speisen eine untergeordnete Rolle. Die Chronisten sind sich einig über das Ungleichgewicht zwischen der Menge an Speisen und der Menge an Getränken, eindeutig zu Gunsten der Getränke. Anlässe zum Feiern gab es viele: zu Ehren einer Gottheit, ein wichtiger Moment im landwirtschaftlichen Kalender, ein Ereignis im Lebenslauf (der erste Haarschnitt, die Geburt Kindes mit Locken). Es gab Gedenkfeiern zu ganz besonderen Anlässen, die sogar direkt unter der Ägide des Herrschers oder lokaler Anführer organisiert wurden. In diesen Fällen diente das Angebot von Speisen und Getränken dazu, die gegenseitigen Verpflichtungen zwischen Herrschenden und Beherrschten zu festigen. Erstere boten den Lebensunterhalt in der sichtbaren und offenkundigen Form von Nahrung. Im Gegenzug bekundeten Letztere ihre Unterwerfung, die Bereitschaft, ihre Arbeitskraft zur Verfügung zu stellen, mit Abgaben zu den Reichsausgaben beizutragen und der von den Anführern vorgenommenen Landverteilung zuzustimmen. Die Forderungen waren hoch. Der Chronist der Geschichte der Anden, Joan Santa Cruz Pachacuti Yamqui Salcamaygua (Ende des 16. bis Anfang des 17. Jahrhunderts) erzählt: Der neunte Inka, Pachacutec (Tupac Inca Yupanqui, Herrscher von 1438 bis 1471) hörte von den Klagen der Bevölkerung über die geringe Menge an Nahrungsmitteln und Getränken auf einer der alljährlichen Feierlichkeiten, für deren Organisation er verantwortlich war, und wollte das wieder gutmachen. Im darauffolgenden Jahr ließ er auf dem Fest drei Mal so viel Chicha verteilen. Doch der Protest gegen einen absoluten Herrscher hat seinen Preis, auch wenn die Klagen ihre Berechtigung hatten und ja auch erhört worden waren. Denn Pachacutec erließ eine Anordnung, der eine gehörige Portion Sadismus innewohnte: Keiner durfte den Festplatz verlassen, um den körperlichen Bedürfnissen nachgehen zu können, die all das Essen, vor allem aber das viele Trinken auslösten.

Derselbe Mechanismus der Gegenseitigkeit bestimmte das Verhältnis zu den Gottheiten. Ihnen wurden erhebliche Mengen an Speisen und Chicha dargeboten, im Gegenzug erhoffte man sich Gesundheit, günstige klimatische Bedingungen, Glück. Es waren vor allem diese Feiern, die die Missionare in Alarm versetzten, für die sie nichts anderes als Teufelsanbetung waren. Ein Beispiel dafür ist die Darstellung des Jesuiten Francisco de Figueroa (1610–1666). Er war ein aufmerksamer Chronist in den 25 Jahre, die er in missionarischer Tätigkeit in der Provinz Maynas verbrachte, einem weitläufigen Territorium im Amazonasgebiet, das heute den Osten Perus, den Westen Brasiliens, Kolumbien und Ecuador umfasst. Die dortigen Stämme lebten isoliert und ohne jeden Kontakt zu den größeren kolonialen Niederlassungen. Seine Schilderungen, obschon im 17. Jahrhundert aufgeschrieben, verweisen eindeutig auf Gebräuche aus präkolumbischer Zeit. Ein lokaler Anführer organisierte ein üppiges Bankett bei dem er seinen Gästen große Amphoren voller gegorener Getränke kredenzte. Plötzlich verließ er seine Tafelgäste, um nach einiger Zeit mit Helfern zurückzukehren, die weitere Gefäße voll mit *masato*, einem Ritualtrank, trugen. Auf das Erstaunen der Gäste antwortete der Anführer mit folgender Geschichte: Er sei in die Tiefen der Gewässer des Rio Marañón hinabgetaucht, wo die Bewohner der Abgründe ihm all diese guten Dingen mitgegeben hätten, damit er sie mit seinen Gästen teile. Figueroa schloss seinen Bericht mit der Erklärung, dass mit dieser Art Trick die Anführer der verschiedenen Stämme glauben machten, eine besondere Beziehung zur Welt des Übernatürlichen zu haben. Der Jesuit fügte hinzu: Hemmungsloses Trinken oder die Einnahme von berauschenden Substanzen seien die Grundlage teuflischer Heilmethoden.

Die Tauschlogik betraf auch viele Arten von körperlicher Arbeit, etwa im Rahmen der *minga* genannten Zusammenkünfte, wie es sie heute noch in den Anden gibt. Das Stichwort dazu gibt uns die *Relacion de la coca*, ein kleines Traktat wohl aus dem ersten Jahrzehnt des 17. Jahrhunderts, welches die Bestimmungen des Vizekönigs Francisco de Toledo hinsichtlich Anbau und Konsum von Koka zusammenfasst, aber auch Informationen zu berauschenden Getränken enthält. Die *minga* war eine Zusammenkunft von Freunden oder Nachbarn, die zur gemeinsamen Ernte der Koka-Blätter organisiert wurde. Den Arbeitseinsatz der Beteiligten entlohnte derjenige, der sie alle zusammengerufen hatte, mit einem üppigen Mahl, bei dem viel getrunken wurde. Bei diesen Zusammenkünften – so stand es in der Schrift – kam es in der Regel zu enormen Besäufnissen unter den Ureinwohnern („alle Freunde des Trinkens", so der Autor), die – angeblich – in schlimmen Streitereien mit Gewalt und sogar Totschlag ausarten und zu hemmungsloser Unzucht führten. Bernabé Cobo, ein Jesuit aus Andalusien (1580–1657), Missionar in Peru und in Mexiko und Autor einer monumentalen *Historia del Nuevo Mundo*, teilt uns mit, dass dieser Brauch nicht nur den Koka-Anbau betraf, sondern alle Feldarbeiten. Nach Ansicht Cobos konnte der Besitzer eines Feldes Verwandte und Nachbarn als Helfer mobilisieren, indem Speisen er und Chicha anbot. Die Helfer verlangten keine weitere Bezahlung, vielmehr packten sie bereitwillig mit an, solange es nötig war, in einem Klima voller Frohsinn und gemeinsamen Gesang. Der Lohn war am Ende das große Besäufnis.

Antonio Ruiz de Montoya (1585–1652), viele Jahre Superior der Mission von Guairá (heute südliches Paraguay), berichtete von der Verbindung zwischen alkoholischen Getränken und Begräbnisriten, die er um 1613 beim Stamm der Gualachos nach dem Tod des Sohnes des Häuptlings beobachtet hatte. Solange der Zustand der Leiche es zuließ, wurde der Verstorbene zu Hause betrauert, um ihn anschließend auf ein Feld zu tragen und dort auf ein zuvor konstruiertes Holzgestell zu betten. Nachdem die Leiche vertrocknet war, machte sich die Stammesgemeinschaft daran, den Ort mit Chicha zu reinigen, der man vor, während und nach der Verbrennung des Leichnams reichlich zusprach, und das begleitet von lauten aufmunternden Rufen, er möge zum Himmel aufsteigen. Trunkenheit und Begräbnisritual waren eng miteinander verbunden, wie auch aus der Schilderung von Juan Lorenzo Lucero hervorgeht (der Brief, auf den wir uns beziehen, stammt aus dem Jahr 1681). Auch er war Jesuit und als Missionar im Nuevo Reino de Granada (Neuen Königreichs Granada) tätig, das heute einem Großteil Kolumbiens sowie Teilen von Ecuador und Venezuela entspricht. Lucero erzählt von einer Spedition zu den Maynas in Marañón und klagte darüber, dass die Aufforderung, die Leichname von Toten für ein christliches Begräbnis freizugeben, bei den Angehörigen auf taube Ohren stieß. Die Maynas bevorzugten die Begräbnisrituale ihrer eigenen religiösen Tradition. Diese sahen vor, die sterblichen Überreste auseinander zu nehmen und sie sich einzuverleiben. Die Knochen wurden geröstet, gemahlen und unter lauten Klagen in „Wein" getrunken. Darauf folgten acht Tage Gelage, bei denen man sich betrank, um danach wieder ins normale Leben zurückzukehren. Wer mit dem Trauern nicht aufhören konnte, dem wurde nahegelegt, es sei nun genug und an der Zeit weiterzumachen: Dem Verstorbenen war gehuldigt worden und nun sei es Zeit, sich wieder den Lebenden zuzuwenden.

Ähnlich war das Verhalten der Tarahumara (*rarámuri* in ihrer Sprache), eine indigene Ethnie, die im heutigen Chihuahua (Nordmexiko) lebte und dort nach wie vor lebt. Bei ihrer Begräbniszeremonie war keine Trauer angesagt, es wurde vielmehr getanzt und gescherzt, man feierte und betrank sich. Und auch hier wurde, wer weinte oder Trauer zeigte, aufgemuntert, sich nicht hängen zu lassen und in den normalen Alltag zurückzufinden.

Nicht nur die Ureinwohner verabschiedeten ihre Verstorbenen mit großen Trinkgelagen. Um 1650 musste sich die Kolonialgesetzgebung in Virginia mit einer weit verbreiteten Gepflogenheit befassen: sich beim letzten Geleit Verstorbener hemmungslos zu betrinken und dabei wild um sich zu schießen. Alkohol und Schießpulver zusammen waren eine wirkliche Gefahr. Der Gesetzgeber sah sich gezwungen, von nur an Begräbnisfeiern zu reglementieren und die Anwesenheit von Ordnungshütern vorzusehen. Die Gefahr, dass der Abschied von einem Toten weitere Tote verursachen könnte, war real genug, um Maßnahmen zu ergreifen.

Eine sehr detaillierte Erzählung – die aber deshalb nicht unbedingt wahr sein muss – über die Feste in den Anden hat der spanische Missionar Bartolomé Álvarez (1540–1629) hinterlassen. Zwischen 1587 und 1588 verfasste er für Philipp II. einen Bericht, mit der präzisen Absicht den Herrscher von der Notwendigkeit zu überzeugen, die Inquisition einzuschalten, um die nichtchristlichen Praktiken der Ureinwohner zu verfolgen und zu bestrafen. Angesichts des erklärten Ziels des Kirchenmannes – das er übrigens nicht erreichte – sollte man seiner sicherlich übertriebenen Erzählung mit Vorsicht begegnen. Álvarez bezog sich zu einem Großteil auf seine Erlebnisse in dem Andendorf Aullagas, das heute Pampa Aullagas heißt und in Bolivien liegt, sowie in den umliegenden Gebieten im Zuständigkeitsbereich von Charcas, dessen Hauptstadt La Plata (heute Sucre) war. Ein Kapitel seiner Aufzeichnungen widmete er der Trunkenheit und sexuellen Praktiken. In den Festen der Götzenverehrung, so die Erzählung des Kirchenmannes, tanzten die Ureinwohner und animierten sich gegenseitig zum Trinken. So sangen, tanzten und tranken sie bis tief in die Nacht, bis sie umfielen „wie dreckige Schweine" („como sucios puercos", eine nicht gerade vorurteilsfreie Bezeichnung), die einen übergaben sich und andere umklammerten willige Begleiterinnen. Wer keine Frau an seiner Seite hatte, machte sich – nunmehr im Vollrausch – auf die Suche nach jemandem, mit dem er sich paaren konnte, egal mit wem. War ein williger Partner gefunden, kam es zu Akten hemmungsloser Wollust. Die Gelegenheitspartnerinnen akzeptierten diese Paarungen und scherten sich nicht darum, ob es verwandtschaftliche Beziehungen zwischen ihnen und dem Liebhaber gab („sie achteten nicht darauf, ob der Gefährte Ehemann, Sohn, Verwandter oder ein Fremder war"). Sie verhielten sich, so Álvarez, wie wilde Tiere und er schloss mit diesem Kommentar: Die Ureinwohner dachten nur ans Essen und Trinken, solange etwas da war, und die Arbeit interessierte sie nicht. Wenn die Spanier versuchten, sie gegen Bezahlung als Führer bei ihren Expeditionen zu verdingen, antworteten sie: „Was nützt mir Geld? Ich will kein Gold und kein Geld, das sind doch keine Dinge, die man essen kann". Und der Missionar meinte genau zu wissen, warum sie so antworteten: Sie wollten sich weiter betrinken, arm und sündhaft bleiben, denn ihr Gedanken drehten sich einzig um die Befriedigung ihrer sexuellen Gelüste. Wie schon gesagt suchte Álvarez die Unterstützung der Inquisition, mit seiner Objektivität war es daher nicht weither; was uns hier jedoch interessant erscheint, ist seine Wahrnehmung von Diversität und seine ziemlich drastische Art diese zu übermitteln. Zugleich möchten wir darauf hinweisen, dass ihm viele Europäer glaubten.

Zahlreiche weitere Beispiele lassen sich in dieser Sache anführen. Auch Garcilaso sprach von den Gelagen der Inka und berichtete, dass ihnen sexuelle Exzesse, Sodomie, Inzest und Ehebruch folgten. José de Acosta berichtete über entsetzliche Verbrechen betrunkener Männer; sie respektierten die Frauen nicht, machten vor der eigenen Mutter nicht halt, trieben es unterschiedslos ob Ehepartner oder nicht und sexuelle Gelüste wurden selbst zwischen Männern ausgelebt. Waren das Beobachtungen aus erster Hand oder basierten sie auf Vorurteilen?

Solche Informationen verdeutlichen zwei wesentliche Elemente zum Verständnis der Kolonialgesellschaft und insbesondere ihrer religiös-moralisierenden Komponente. Das betrifft zum einen das Unvermögen – und wahrscheinlich auch die geringe Bereitschaft – der Missionare, die Gebräuche einer völlig anderen Kultur nachzuvollziehen; zum anderen lässt sich im Verlust der Hemmschwellen bei offiziellen Anlässen eine Grenzüberschreitung erkennen, die in der Andenkultur zugelassen und legitimiert wurde als das Ausleben sonst verbotener Verhaltensweisen. Dieses Gebaren im Rahmen vorkolonialer Ritualität wurde in der Tat als Ventil von Impulsen und Begierden akzeptiert, die sonst die soziale Stabilität bedrohen konnten. Die festlichen Gelegenheiten, bei denen man sich betrinken durfte, waren der Freiraum für ein Verhalten, das den sozialen Normen widersprach, und das – falls unkontrolliert – die herrschende Ordnung gefährden konnte. Diese Analyse kommt der heutigen anthropologischen Sichtweise nahe, die allerdings der sexuellen Komponente eine weitaus geringere Rolle beimisst. Im Mittelpunkt stehen heute eher Themen wie die Destabilisierung sozialer Strukturen, das Aufbrechen von Hierarchien und der Kampf um mehr Freiraum.

Die Lehren der katholischen Kirche hatten die Absicht, diese Abweichungen von den eigenen Moralvorstellungen nicht nur mithilfe von Katechismus und Predigt zu bekämpfen, sondern auch mit der Durchsetzung bestimmter Verhaltensregeln, wie nüchtern bleiben, Mäßigung üben und vor allem das Fasten. Der Arzt Juan de Cárdenas (1563–1609) legte dazu ein Werk vor, in dem er erklärte, wie man in den Anden mit der Einführung der Fastenzeit drei unterschiedliche Ziele erreichen konnte: als erstes sollte der Mensch Hunger und Durst erleiden, als Sühne für Sünden und Schuld; zweitens durften diese Entbehrungen der körperlichen Gesundheit nicht schaden (daher wurden sehr junge und sehr alte Menschen vom Fasten ausgenommen); und drittens (und das interessiert uns hier am meisten) sollten auf diese Weise fleischliche Gelüste und Sexualität unterdrückt werden. Abstinenz von Speisen und Getränken machte schwach, folglich erlosch der sexuelle Impuls, und Männer und Frauen waren eher dazu geneigt, Gott zu verherrlichen und ihm zu dienen. Wieder einmal wurden Exzesse bei Tisch an den Paarungsakt geknüpft.

Die ersten Bewohner des Landes, das sich heute Brasilien nennt, die mit den Europäern in Kontakt kamen, waren die Tupinambá. Sie lebten an der Ostküste, vor allem nahe der Mündungen der Flüsse, die im Norden wie im Süden aus den Tropenwäldern gen Atlantik strömen. Die Bewohner waren in mehrere „Nationen" (eine Definition der Portugiesen) aufgeteilt, die untereinander eine Reihe linguistischer und kulturelle Gemeinsamkeiten aufwiesen. Daher benutzten die Kolonisatoren einen einzigen Namen, um sie zu identifizieren. Die indigenen Volksgruppen kannten die Technik der Fermentation sehr gut und stellten alkoholische Getränke aus der Maniokwurzel, aus Mais, aus verschiedenen Früchten oder aus dem Saft weiterer Pflanzen her. Die Portugiesen nannten dieses Getränk *cauim*, eine Verstümmelung aus der einheimischen Bezeichnung in der Tupì-Sprache *ca'o-y* (Wasser zum Trinken). Die erste Gruppe jesuitischer Missionare, die mit den Tupinambá in Berührung kam, führte der Portugiese Manuel de Nóbrega (1517–1570) an. Der kulturelle Kontrast zwischen den christlichen Ordensmännern und den Einheimischen wird aus den Briefen der Jesuiten deutlich ersichtlich. Darin beschreiben sie den völligen Mangel an Schamgefühl der Einheimischen angesichts ihrer Nacktheit und ihren hartnäckigen Widerstand gegen die Monogamie. Ein großes Problem sahen die Missionare auch im hemmungslosen Trinken von Cauim während der religiösen Zerimonien. Das alkoholische Getränk war zentraler Bestandteil der *cauinages* genannten Feste, während derer man Eheschließungen feierte, Initiationsrituale, Begräbnisse, Bündnisse schloss oder über Krieg oder Frieden beriet. Was bei den Missionaren das reine Grauen hervorrief, waren die Cauimmengen, die bei einem weiteren Ritual flossen: beim Opfer von Gefangenen und den darauffolgenden kannibalischen Handlungen. Aus den Aufzeichnungen der Missionare geht hervor, dass für diese Gelage enorme Mengen an Alkohol produziert wurden, auch die Opfer zwang man, sich damit zu betrinken und erst, wenn kein Tropfen mehr übrig war, schritt man zur Hinrichtung. Die Missionare kämpften mit großer Entschlossenheit gegen den Cauim, wobei sie sich vor allem an die Frauen hielten, die ihn in der Regel herstellten. Man versuchte sie davon zu überzeugen, dass es zur Konvertierung zum Christentum gehörte, sich vom Alkohol abzuwenden.

Der Jesuit Fernão Cardim (1549–1625) liefert uns eine Beschreibung der rituellen Trunkenheit unter den Tupinambá: Im Zentrum eines großen Hauses, das aus einem Raum bestand, stand eine Reihe von Krügen mit Wein (in Wirklichkeit Cauim, die Europäer wussten nicht immer genau zwischen den einzelnen Gärprodukten zu unterschieden). Es wurde mehrere Tage und Nächte lang gesungen, getanzt und getrunken, bis der Alkohol zu Ende war. Keiner hörte mit dem Trinken auf, die Menschen stürzten zu Boden, urinierten, tanzten und sangen in einem höllischen Durcheinander – man wähnte sich in einem Labyrinth aus betrunkenen Körpern und leeren Behältern, kommentierte Cardim. Der Lärm war ohrenbetäubend, angetrieben von geräuschvollen Schilderungen von Kriegsgeschichten und Erinnerungen an große Abenteuer. Der Bericht des Jesuiten geht auf das Jahr 1625 zurück und macht deutlich, dass die seit 60 Jahren laufenden Versuche, Cauim aus dem Verkehr zu ziehen, bis dato nicht erfolgreich gewesen waren.

Ein Opferritual gab es auch in der Inka-Kultur: Begräbnisse von Herrschern oder hochrangigen Würdenträgern sahen die Opferung einiger ausgewählter Personen vor, die den bedeutenden Verstorbenen auf seiner letzten Reise in die Ewigkeit begleiten sollten. Bevor man diese Personen tötete, machte man sie mit großen Mengen Chicha, denen auch betäubende Substanzen beigemischt wurden, betrunken. Das Getränk war zudem Teil der Grabbeigaben, mit denen der Verstorbene auf seine Reise in ein neues, in der Vorstellung auch materielles Leben geschickt wurde. Ein kollektives Trinkgelage beschloss das Abschiedsritual.

Es war aber in erster Linie in der Kultur der Azteken, in der sich vor den entsetzten Augen der Spanier die Verbindung zwischen Alkoholrausch und Menschenopfer offenbarte. Vor allem bei den rituellen Feiern zu Ehren von Hutzilopochtli, dem Sonnengott und Beschützer der Krieger, kam es zur Opferung von Kriegsgefangenen, die man „Söhne der Sonne" nannte und die man bis zuletzt mit großer Ehrfurcht behandelte. Ihnen wie auch den Priestern, die diese Feiern rituell begleiteten, wurden große Mengen eines besonders guten Alkohols gereicht, Teoctli genannt (die Pulque-Variante für den Gott), mit dem sie sich betrinken konnten. Die Hersteller von Pulque sowie die älteren Krieger durften auch außerhalb der rituellen Anlässe trinken. Ansonsten wurde, wie wir gesehen haben, bei den Azteken die Trunkenheit eher abgelehnt, die als Gift für die Sozialgemeinschaft galt, als Laster, das die Fähigkeiten des Einzelnen sowie das Familienleben zerstörte. Die häufigen Warnungen in der indigenen Gesetzgebung, von denen die spanischen Quellen berichten, verfolgten offenbar zwei Ziele: Gefährdete Personen, die aber noch nicht abhängig waren, von der alkoholischen Versuchung fernzuhalten, sowie diejenigen an den Pranger zu stellen, die sich durch ihre Trunksucht selbst zerstörten. Trotz der kategorischen Verurteilung war Alkohol zugelassen, um Kranke zu heilen, und, wie schon angedeutet, im Fall der Alten, die sich bei bestimmten Festlichkeiten hemmungslos betrinken durften und für die eigens eine bestimmte Sorte Pulque hergestellt wurde. Wahrscheinlich sollte diese Toleranz den Alten einen Moment totaler Erfüllung gönnen, und es ihnen erlauben, genau dann wenn ihre Zeit am Verrinnen war, das Gefühl für sie zu verlieren: Eine Flucht aus der Gegenwart, was die Schilderungen der Beobachter bezeugen, nach denen die Alten bei diesen Festen wieder und wieder von den erfolgreichen Unternehmungen aus vergangenen Zeiten erzählten. Altwerden war ein Luxus, der nur wenigen vergönnt war, und diesen Wenigen ein Verhalten außerhalb der Norm zuzugestehen, war bestimmt kein Problem für die soziale Ordnung. In gewisser Weise konnte man unter dieser Toleranz eine Art anerkennende Belohnung verstehen.

Trotz dieser Zensur war die Trunksucht bei den Azteken recht verbreitet, was sich an den vielseitigen vorgesehenen Strafen ablesen lässt: Isolierung, Gefängnis, Schläge, Beschimpfungen, Amtsenthebung und Tod. Der Betrunkene, so berichtet es Sahagún anhand der Erzählungen seiner Informanten, konnte nicht ohne Alkohol leben, weshalb ihm nichts anderes blieb als sich in den Ruin zu treiben, indem er alles verkaufte, was er hatte, um sich Alkohol beschaffen zu können. Er verlor Verstand und Würde, lallte unverständlich, beschimpfte, redete unverständlich, fluchte, machte seinen Kindern Angst und schlug sie. Diese Darstellung trifft immer und überall zu (wir werden immer wieder auf sie stoßen), sie ist derart in der europäischen Kultur verankert, dass eine Übereinstimmung des spanischen Franziskaners und seines einheimischen Informanten nicht auszuschließen ist.

Noch in einem anderen Zusammenhang spielte der Pulque in der Religiosität der Azteken eine wichtige Rolle. Man glaubte, dass die im Zeichen des „Zwei-Kaninchen" Gottes (Ometochtli, Gott des Weins) geborenen dazu verdammt waren, als Betrunkene zu leben. Es war nicht ihre Schuld, sondern die eines launischen Gottes, der sich ihrer auf diese Weise bemächtigte. Wie William Taylor gezeigt hat, scheinen die wiederkehrenden kollektiven Trinkgelage eng mit rituellen Anlässen verknüpft, in denen die wichtigsten Gottheiten, die bedeutenden Momente des Bauernkalenders (Ernte, Regenzeit) und der Lebenszyklen (Geburt, Hochzeit, Tod, besonders von Hochrangigen) gefeiert wurden. Und wie in vielen anderen Nationen Nordamerikas gehörte zum Gelage auch immer das Tanzen.

Äußerst besorgt zeigt sich der Jesuit Andrés Pérez de Ribas (1576–1655) über die Gebräuche der Yaqui-Indianer, die in Sonora und Arizona lebten. Nach den Schilderungen des Missionars verwendeten die Yaqui die Bohnen des Mesquitebaums, um sie zu fermentieren und sich zu betrinken. In ihrem Rauschzustand rissen sie tanzend die von getöteten Feinden abgeschlagenen Köpfe in Stücke, ein Ritual, dass bei einem Volk, das vornehmlich von der Landwirtschaft lebte, anscheinend für Regen auf den Feldern sorgen sollte. Es gab aber auch indigene Bevölkerungsgruppen, die sich von alkoholischen Versuchungen fernzuhalten wussten, wie der jesuitische Missionar Luis Xavier Velarde (1677–1737) berichtete. Aus seiner Beschreibung der Sitten der Pima (die etwas weiter südlich als die Yaqui siedelten) geht hervor, dass sie im Unterschied zu den anderen Stämmen der Gegend eher zur Mäßigkeit neigten, was sich für Velarde mit ihrer geringen Vertrautheit mit „Wein" erklären ließ, den sie nur gelegentlich zu sich nahmen und nie, um sich zu betrinken.

III Nach uns. Neue Trinksitten, veränderte Bräuche

Alkohol aus Europa

Viele der zahlreichen Chronisten, die dem europäischen Publikum von der spanischen Eroberung des südlichen Amerika berichteten, dem Teil, der damals gemeinhin „Peru" genannt wurde, sahen eine direkte Verbindung zwischen Trunksucht und Entvölkerung. Die Bewohner der Anden wurden immer weniger, da sehr viele an den Folgen des Alkoholkonsums starben, sei es bei Unfällen, durch Krankheiten oder Gewalttätigkeiten (hier waren die Opfer vor allem Frauen), bei denen man sich regelrecht um den Verstand getrunken hatte. Der Baske Reginaldo de Lizárraga (1545–1615) befasste sich in seiner *Descripción breve de toda la tierra del Perù* (Kurze Beschreibung von ganz Peru) besonders intensiv mit diesem Thema und bietet uns einen Einblick in die Denkweise seiner Zeit. Obwohl er die Anordnungen des peruanischen Vizekönigs Francisco de Toledo zur Bestrafung von Betrunkenen verteidigte, beklagte Lizárraga den Mangel an Ordnungshütern, die die Einhaltung der Gesetze hätten kontrollieren können. Das war eine echte Katastrophe für das Reich. Wenn dort, wo anfangs 30.000 Abgabenpflichtige lebten, nach wenigen Jahren nur noch knapp 600 übrig waren, war es da nicht die Pflicht des Vizekönigs einzugreifen? Seine Überlegungen führten weiter zu einem Vergleich mit den Zuständen in Europa: Es ließe sich kaum leugnen, dass auch in Flandern und Deutschland die Bevölkerung kräftig dem Alkohol zusprach – und neuerdings schien sich das Laster auch in Spanien auf beängstigende Weise zu verbreiten –, nur dass der Alkohol auf dem Alten Kontinent niemanden umbrachte und sich die Länder nicht entvölkerten. Andernfalls hätten die Regierenden in Flandern und Deutschland nicht nur das Recht, sondern die Pflicht gehabt, mit entsprechenden Gesetzen dagegen vorzugehen. Ähnlich dachten auch noch die spanischen Historiker des letzten Jahrhunderts, fest davon überzeugt, dass der Grund für den demographischen Niedergang im Vizekönigreich Peru „nicht die Zwangsarbeit in den Bergwerken von Potosi und Huancavelica war, sondern Wein, Chicha und die beständige Trunkenheit".

Ein entscheidender Wendepunkt in der Geschichte des Trinkens in Übersee ist Juan de Betanzos zu verdanken. Im November 1532 trafen sich der Konquistador Francisco Pizarro (1478–1541) und der Inka-Herrscher Atahualpa (1487–1533) in der Nähe der Stadt Cajamarca. Das Verhalten der spanischen Delegation und die völlige Unfähigkeit des Übersetzers Felipillo († 1536) lösten bei Atahualpa große Irritation aus. Er warf die Bibel, die ihm der Dominikaner Vicente de Valverde (1498–1541) überreichte, auf den Boden und wurde sofort des Sakrilegs beschuldigt. Die Geste löste ein regelrechtes Massaker aus, bei dem viele Indios zu Tode kamen, auch ihr Herrscher wurde gefangen genommen und Monate später hingerichtet, obwohl eine enorme Auslösesumme für ihn gezahlt worden war, nach der er eigentlich hätte verschont werden sollen. Unter den vielen Berichterstattern dieser Begegnung und ihrer Folgen

http://doi.org/10.1515/9783110674972-004

ist Betanzos der einzige, der Atahualpa als betrunken beschreibt und damit nicht in der Lage zu erfassen, was der Angriff der berittenen Spanier anrichtete. Möglicherweise suchte der Chronist mit dieser Darstellung nach einer Erklärung für die passive Reaktion der Ureinwohner auf dieses Blutbad, von dem sie sich überwältigen ließen. Oder aber er wollte die negativen Seiten der Persönlichkeit des Inka hervorheben, in gewissem Maße dessen Unzivilisiertheit. Chicha war wirklich ein wichtiger Bestandteil der Kultur Atahualpas und seines Volks. Auch von anderen Autoren wissen wir, dass Chicha auf jeden Fall beim Kontakt der beiden Oberhäupter im Spiel gewesen war und wahrscheinlich, ähnlich wie die Friedenspfeife bei vielen amerikanischen indigenen Völkern, eine Rolle im Zeremoniell gespielt hatte. Oder ganz einfach, wie ein Glas Wein oder Bier nach Art europäischer Gastlichkeit.

Diego de Castro Titu Cusi Yupanqui (1529–1571), der dritte Inka von Vilcabamba und vorletztes Oberhaupt des Staates, der auf den Ruinen des alten, von den Spaniern zerstörten Reichs entstanden war, hat uns eine weitere Darstellung dieser Begegnung hinterlassen, die für unser Thema von besonderem Interesse ist. Titu Cusi erinnert nämlich an das Gespräch unter Atahualpa und Francisco Pizarros Gesandten, dessen Bruder Hernando (ca. 1501–1578) und dem Vertrauten Hernando de Soto (ca. 1496–1542), einen Tag vor dem Zusammenstoß. Der Inka-Herrscher hatte sie freundlich willkommen geheißen und ihnen einen Trank aus fermentiertem Mais angeboten, der in einem goldenen Kelch gereicht wurde. Die beiden Spanier hätten abgelehnt und den Kelch mit einer verächtlichen Geste auf dem Boden ausgeschüttet. Genau dasselbe hätte Vicente de Valverde bei der Begegnung tags darauf in Cajamarca getan, weshalb Atahualpa dann das heilige Buch zu Boden geworfen hätte, um es den Spaniern mit gleicher Münze heimzuzahlen. Es ist ziemlich unwahrscheinlich, dass sich die Ereignisse so abgespielt haben wie Titu Cusi berichtet, auch weil keine andere Darstellung diese Version bestätigt; Augenzeuge Diego de Trujillo (1505–1575) berichtet beispielsweise, dass die Spanier das Angebot des Kelchs akzeptiert hätten. Aber darum geht es hier nicht. Vielmehr interessiert uns hier, wie Titu Cusi, der Mann, der den Inka-Thron besteigen, sich zum Christentum bekehren und mit den Spaniern Bündnisse eingehen sollte, die heilige Bedeutung der Darreichung der Chicha mit der der Überreichung einer Bibel vergleichen konnte. Seine Denkweise sagt uns etwas über den möglichen Fortbestand einer Haltung gegenüber dem Heiligen, die geneigt war, die Prinzipien der alten Religion weiterhin zu respektieren, auch nach Annahme eines neuen Glaubens, der von weit her jenseits des Ozeans kam.

Die katholische Mission der Franzosen im Sankt-Lorenz-Becken entwickelte sich in den Territorien die heute zu Quebec gehören vornehmlich in der ersten Hälfte des 17. Jahrhunderts und hatte hauptsächlich den Stamm der Huronen aus der Sprachgruppe der Irokesen im Visier. Eines der Merkmale dieser Phase der auch hier vor allem von Jesuiten betriebenen Evangelisierung war, dass man sich dabei seelsorgerischer Methoden bediente, die sich bereits in Europa bewährt hatten. Das entnehmen wir den häufigen Vergleichen, die sich in den Quellen finden, wie auch der Analyse der dringlichsten Ziele der Missionsarbeit. Im Fall von Neufrankreich, wie man das

Gebiet nannte, schien den Missionaren besonders daran gelegen zu verhindern, dass sich hier dasselbe religiöse Unwissen ausbreiten könnte, gegen das sie in der Heimat so hart anzukämpfen hatten. Paul Le Jeune (1591–1664), von 1632 bis 1639 Superior der Jesuiten in Quebec, drückte sich in seinen Aufzeichnungen klar aus: In die Neue Welt durften auf keinen Fall Trunkenheit, Spiel und die Ausschweifungen des französischen Karnevals Einzug halten. Die zivile Kolonialverwaltung war derselben Meinung, denn man hatte Angst, ihr Gebiet könnte zu einem Zufluchtsort für Kriminelle aus der Heimat werden. Das erklärt die besonders harten Strafen für Franzosen, die sich der Gotteslästerung oder Trunkenheit schuldig machten oder die der einheimischen Bevölkerung Schnaps verkauften. Und die Huronen selbst? In einem Bericht vom 7. August 1634 beschreibt Le Jeune beispielhaft, wie und womit sie sich ernährten. Er beginnt mit dem üblichen Vergleich zwischen indigener Bevölkerung und Franzosen: Die „Wilden" (seine immer wieder verwendete Definition) waren genauso gierig auf Essbares wie die europäischen Trunkenbolde auf Alkohol. Während letztere sich kein schöneres Ende vorstellen konnten, als in einer Wanne voller Malvasia zu ertrinken, war es für erstere am liebsten ein Bottich voller Fleisch. In den Gesprächen der Huronen und in ihrem Umgang mit Gastfreundschaft drehte sich alles ums Essen, wie man es darbot und dass man es auf keinen Fall ablehnen durfte. Seit der Ankunft der Europäer, und zwar vor allem der Engländer, hatten sich die Dinge zum schlechteren geändert, wie der Jesuit in seinem Bericht betonte, denn die Völlerei der Einheimischen hatte sich nunmehr auch auf den Alkohol ausgedehnt. Obwohl sie genau wussten, dass Wein und Schnaps ihnen nicht guttaten, konnten sie nicht aufhören sich zu betrinken oder andere zum Mittrinken anzustiften. Gebt den Wilden zwei oder drei Flaschen – befand der Missionar – und ihr könnt zusehen, wie sie sich hinsetzen und eine nach der anderen austrinken, ohne dabei etwas zu essen und ohne mit dem Trinken aufzuhören, bis die Flaschen nicht ganz leer sind.

Wir haben schon erwähnt, dass die Ureinwohner der nordöstlichen Küste keine alkoholischen Getränke kannten. John Heckewelder (1743–1823), Missionar der Herrnhuter Brüdergemeinde bei den Lenape, die die Europäer allerdings Delaware nannten, da sie sie mit dem Namen des Gouverneurs von Virginia, Thomas West Baron De la Warr (1577–1618), identifizierten, war ein aufmerksamer Beobachter der Sitten und Gebräuche der indigenen Völker Nordamerikas, von denen er mündliche Überlieferungen sammelte. Als großer Gegner des Alkoholkonsums und der Weißen, die sich schuldig gemacht hatten, ihn jenseits des Atlantik zu verbreiten, schlug er eine Etymologie des Namens „Manhattan" vor, die zwar nicht korrekt war aber viel über die Überzeugung der Einheimischen (in diesem Fall der Delaware) hinsichtlich der unauflöslich Verbindung von Alkohol und Europäern aussagte. Das Erste, was die Holländer taten, als sie in New York an Land gingen, war alkoholische Getränke unter den Mohikanern und eben die Delaware, die ihnen entgegenkamen, zu verteilen. Letztere gaben dem Ort dieser Übergabe – so Heckewelders Aufzeichnung – den Namen *Manahachtanienk*, woraus dann „Manhattan" wurde: „die Insel, auf der sich alle betrinken". Wenn die Ablehnung von Chicha durch die Europäer für Atahualpa der Unmöglichkeit einer Begegnung gleichkam, war im Gegenzug der Moment, als die Ureinwohner den holländischen Schnaps entgegennahmen, der Beginn ihrer Auslieferung an die alkoholischen Ausschweifungen der Kolonisatoren. Einer der grundlegenden Aspekte der Eroberung des amerikanischen Kontinents war die Verfestigung einer Dialektik, die es den Europäern erlaubte, die Begegnung mit den Ureinwohnern nach sehr vereinfachenden und gänzlich willkürlichen Kriterien zu interpretieren, die auf Gegensatzpaaren wie zivilisiert/wild, göttlich/teuflisch und auch gemäßigt/exzessiv, nüchtern/betrunken gründeten. Diese damals weit verbreitete Sichtweise beruhte auf der Überzeugung, die Wahrheit auf der eigenen Seite und somit das Recht zu haben, andere darin zu belehren, wie man zu leben und was man zu glauben hatte. Ein bisschen wie es in Deutschland Petrus Canisius versuchte, der die Lutheraner nach ihrem Bierkonsum beurteilte. In dieses Modell reihen sich die europäischen Beschreibungen der Essgewohnheiten indigener Völker und vor allem ihrer Trinkgewohnheiten ein.

Beschäftigen wir uns ein wenig genauer mit dem, was Jean Bernard Bossu geschrieben hat (1720–1792), der als Offizier der französischen Marine häufig auf Reisen auf dem amerikanischen Kontinent unterwegs war. Im Winter 1751/52 war Bossu Mitglied einer Expedition, die den Mississippi von Arkansas nach Illinois erforschen sollte. Die Strapazen der Reise zwangen die Besatzung zu langen Pausen. Bei einem dieser Anlässe war der Offizier bei den Michigamea, einem Stamm der Illinois-Konföderation, zu Gast. Hier engagierte er einen tüchtigen indigenen Jäger, Essbares zu beschaffen. Es gab nur ein Problem, und kein zu kleines: Der Indianer trank hemmungslos, ein Laster, das er von den Franzosen übernommen hatte und das nur schwer in den Griff zu bekommen war. Bossu berichtete, dass die wegen der Reiseverzögerung schon nicht einfache Situation durch das Verhalten „meines Wilden" noch erschwert wurde, als dieser eines Tages die Tür des Lagers offen fand, sich „wie eine Schlange hineinschlich" und aus einem Fass seine eigene Trinkflasche füllte. Ungeschickt wie er sich anstellte, verschüttete er dabei mehr als die Hälfte. Der Franzose sah keinen anderen Ausweg, als ihn fortzujagen. Doch die Frau des Jägers wollte das nicht und bat den Offizier, den Unglücklichen wieder in seine Dienste zu nehmen, und bereitete auch eine Medizin, die ihn vom Trinken abhalten sollte. Bossu ließ sich darauf ein, schließlich war der Mann ein guter Jäger und hatte ihn nur einmal betrogen. Mit der Frau des Jägers und dessen Verwandten wurden ein Plan ausgeheckt und eine Medizin vorbereitet. Bald kam der Tag, an dem der Indianer wieder nach Alkohol fragte, doch ganz nach Plan antwortet Bossu, dass er zu sehr an seinem persönlichen Vorrat hing, um ihn mit dem erstbesten zu teilen. Der Jäger (schade, dass wir seinen Namen nie erfahren haben) bot ihm daraufhin im Tausch für einen ordentlichen Rausch seine Frau für einen Monat an. Der Franzose ging zum Schein darauf ein, aber zu seinen Bedingungen: Er wollte die Frau nicht, denn schließlich seien die Weißen nicht nach Amerika gekommen, um den Rothäuten ihre Frauen wegzunehmen, lieber wollte er den Sohn des Trunkenbolds zum Sklaven haben. Der Tauschwert würde sich sogar auf ein ganzes Fass erhöhen. Abgemacht. Das Ganze war natürlich eine Farce – in bester Absicht versteht sich. Ins Feuerwasser tat Bossu Pfeffer (das war die Medizin!) und mit Beihilfe der Familienangehörigen brachte man den Jäger zum Trinken. Der Plan schien aufzugehen. Als er aufwachte, suchten ihn das Stammesoberhaupt und dann die Verwandten auf, und beschimpften ihn wegen seines üblen Tauschgeschäfts. Daraufhin begab sich der Jäger zu Bossu und erklärte sich des Lebens für unwürdig. Zu Scham und Reue kam die körperliche Pein hinzu: Es war klar, dass ihm das Oberhaupt der Hölle mit diesem Trank ein Zeichen geschickt habe, denn sein Urin brannte seither wie Feuer. Bossu zeigte sich hart und tat, als wolle er ihm seinen Sohn nicht zurückgeben: Er habe beschlossen, ihn zu adoptieren und einen guten Christen aus ihm zu machen. Zur moralischen Absicht, gegen die Trunksucht vorzugehen, kam nun noch der Missionsauftrag hinzu. Das Spiel ging weiter, bis Bossu sein Ziel erreicht hatte: Das Versprechen des Jägers, mit dem Trinken aufzuhören, um seinen Jungen wiederzubekommen. Der Plan ging auf. Von da an rührte der Indianer keinen Tropfen Alkohol mehr an, keinen Wein und kein anderes alkoholisches Getränk. Das überzeugte Bossu davon, dass der Kampf gegen die Trunksucht einem ähnlichen Modell wie dem der Missionare ein Jahrhundert zuvor im spanischen Amerika folgen sollte: Sich von den eigenen Gebräuchen abwenden, den katholischen Glauben annehmen und ein wenig selbstgemachte Medizin verabreichen.

Die Propheten

Der Widerspruch liegt auf der Hand: Wenn es die Europäer waren, die das Laster in die Neue Welt gebracht hatten, wie sollte dann ihre eigenen Sitten gegen dieses Laster wirken? Und wenn die Trunkenheit unter den Siedlern weit verbreitet war, warum sollten dann ausgerechnet die Indigenen mitten unter ihnen wundersamerweise nüchtern werden? Dennoch war die Überzeugung der Frau und der Verwandten von Bossus Jäger weit verbreitet unter den Ureinwohnern, die mit englischen und französischen Siedlern in Kontakt kamen: Nur die Europäer kannten sich mit Alkohol aus und folgerichtig auch damit, wie man sich von der Sucht wieder befreien konnte. Die Ureinwohner fühlten sich zumeist überfordert und schutzlos ausgeliefert, viel zu unerfahren, um erfolgversprechende Gegenmaßnahmen zu finden. Aber manch einer durchschaute diese Widersprüchlichkeit und auch die, wenn wir so wollen, Schuld der Weißen. Zu diesen gehörte der Prophet Handsome Lake (1735–1815) aus dem Stamm der Seneca. Er hatte sich für einen neuen religiösen Glauben stark gemacht, der auf Traumoffenbarungen aufbaute und das klar erkennbare Ergebnis einer Vermengung überlieferter Elemente und Vorgaben der christlichen Ethik war. Bruder des Häuptlings, Kriegers und Diplomaten Cornplanter (ca. 1750–1836) war Handsome Lake ein starker Trinker mit entsprechend großen gesundheitlichen Problemen, die 1799 in einer schlimmen Krise gipfelten und fast zu seinem Tod geführt hätte. Nachdem er nach zwei Stunden tiefer Bewusstlosigkeit und schwerer Atemnot fast wie durch ein

Wunder wieder wach wurde, bat er seinen Bruder, die Stammesgenossen zu versammeln, denn während seines Kollapses hatte er eine göttliche Eingebung gehabt, die er umgehend mitteilen wollte. Man hörte ihm aufmerksam zu, denn Traumvisionen spielten in der Spiritualität der Seneca eine große Rolle, was sogar den Jesuiten und Missionar James Fremin (1628–1691) davon überzeugte, dass der Traum die einzige Gottheit für diesen Stamm war. Der erzwungenen, zudem äußerst schwierigen Evangelisierung war es bis zum Ende des 18. Jahrhunderts offensichtlich nicht gelungen, die Dinge grundlegend zu ändern. Im Gegenteil, der Versuch der Evangelisierung hatte bei vielen Indianerstämmen zur Verbreitung von religiösen Überzeugungen geführt, die auf der Koexistenz von Elementen ihrer Tradition mit Überzeugungen und Regeln aus den Lehren der Missionare gründeten. Hinzu kam, dass die Ankunft des weißen Mannes die Ureinwohner oft zu elenden Lebensbedingungen verdammt hatte, und viele resigniert und dem Alkohol verfallen lebten. So wie man es aus Comics und Westernfilmen kennt. Wer ausharren wollte, suchte nicht selten Trost bei traditionellen religiösen Praktiken, auf der Suche nach übernatürlicher Hilfe, mit der man die nur schwer auszuhaltende Aussichtslosigkeit zu überwinden hoffte. Unter ähnlichen Bedingungen – wenn eine Kultur nicht in der Lage ist, Antworten auf die Bedürfnisse der unmittelbaren Gegenwart zu geben – kann die prophetische Dimension auf fruchtbaren Boden fallen.

Zurück zu Handsome Lake. In seiner ersten Vision sah er sich drei Engeln gegenüber; als Boten des Göttlichen kamen sie zu ihm und übermittelten ihm die großen Leiden seiner Leute, wobei sie ihm auch einige Lösungen nahelegten. Bis zum Tod des Propheten hielten diese Erscheinungen an, was ihm dabei half, seinen Glauben immer besser artikulieren zu können. Der Ursprung des Unheils reichte vom Whisky, bis hin zu Hexerei, Glücksspiel und Abtreibung. Wir bleiben bei der Trunksucht. In seinen Visionen sah Handsome Lake die Betrunkenen höllische Qualen wie in Dantes Inferno erleiden; so waren sie zum Beispiel gezwungen, ununterbrochen heißes flüssiges Metall zu schlucken. Die Mäßigung, in erster Linie die Abstinenz vom Alkohol, stand im Mittelpunkt seiner Reformversuche, deren Botschaft sich überall in der Konföderation der Irokesen verbreitete. Es sei der „Große Geist" selbst, der ihm die Botschaft eingegeben habe: Sollten sich die Indianer weiterhin betrinken, würden sie nie ins Paradies kommen. So wie viele christliche Missionare brachte der Prophet den Alkoholmissbrauch in enge Verbindung mit wirtschaftlichen und sozialen Problemen, wie einen immer schlechter werdenden Gesundheitszustand, Gewalt und zunehmende Familienkonflikte, oder den Verlust der Existenzgrundlage und den Verkauf des eigenen Landes weit unter Wert. Der Whisky gehörte den Weißen und die roten Männer mussten ihn meiden, sonst würde ihr Schicksal vom Höllenfeuer gezeichnet sein; so ähnlich soll er gesprochen haben. Er selbst kannte die Gefahr nur zu gut, denn sein haltloses Trinken hätte ihn einst fast umgebracht. Im Unterschied zu den Missionaren brauchte Handsome Lake keinen geschriebenen Text, um seine Botschaft zu verbreiten. Sein Evangelium waren seine Träume. 1815 verstarb er mit achtzig Jahren, und bald verlor sich der Glaube an seine Visionen, doch die von ihm geschaffene Tradition lebte in anderen Propheten fort, die seinem Weg folgten.

Tenskwatawa (1775–1836), vom Stamm der Shawnee-Indianer (die damals in den Gebieten des heutigen Ohio, Kentucky und Pennsylvania lebten) spielte an der Seite seines Bruders, dem bekannteren Tecumseh (1768–1813), eine wichtige Rolle in der Geschichte der Indianerkriege. Tenskwatawa stammte aus einer Familie weiser und verdienstvoller Krieger, hatte aber nicht die Begabung und den Charakter seiner Brüder und Schwestern, vielmehr war seine Jugend von Misserfolgen und Alkoholkonsum gezeichnet. Ungeschickt wie er war, hatte er sich als Junge ein Auge mit einem Pfeil ausgestochen. Im Dorf gab man ihm den Spitznamen Lalawethika: Klapper, Rassel, der Lärmende, so die Überlieferung; auf jeden Fall ein wenig erfreulicher Name, den der junge Mann entschieden ablehnte. Schon in seiner Jugendzeit dem Feuerwasser zugetan, heiratete Lalawethika sehr bald und hatte viele Kinder, wie es unter seinen Leuten üblich war, allerdings konnte er sie nicht ernähren, wofür ihn alle verachteten. Beständig auf der Suche, seinen Weg zu finden, bemühte er sich um die Freundschaft von Penagashea, dem Medizinmann des Dorfes, in der Hoffnung, dessen Nachfolge anzutreten. Penagashea verstarb 1804, doch für dessen Nachfolge fand Lalawethika keine Befürworter im Dorf, auch weil es ihm nicht gelungen war, eine verheerende Epidemie aufzuhalten, bei der es sich möglicherweise um die Grippe gehandelt hatte. Viele fragten sich, ob ein Mann, der mit seinem Verhalten und vor allem seiner häufigen Trunkenheit immer wieder gegen die heiligen Gesetze verstieß, wirklich eine Rolle als spiritueller Anführer anstreben konnte. Die Antwort im Dorf war Nein, und man war noch überzeugter als Lalawethika in den ersten Apriltagen des Jahres 1805 nach einem seiner Alkoholexzesse bewusstlos umfiel. Man hielt ihn für tot und begann mit den Vorbereitungen für sein Begräbnis, und wie es schien, weinte ihm kaum einer eine Träne nach. Wie durch ein Wunder wachte er plötzlich wieder auf und begann zu erzählen: In seiner Bewusstlosigkeit hätte er eine Vision gehabt, seinen Tod, seinen Aufenthalt im Jenseits und seine Wiederauferstehung. Das Paradies stand nicht allen offen, vor allem nicht den unverbesserlichen Trunkenbolden, auf die die ewige Verdammnis wartete und die in von Flammen verflüssigtem Blei in aller Ewigkeit brennen mussten. Der Alkohol war das Unheil und er kam vom Meer, wo sein Symbol lebte, die Große Schlange. Und vom Meer kamen die Weißen, die die Früchte der Sünde mitgebracht hatten, allen voran das Feuerwasser. Da versprach Lalawethika, er würde niemals wieder einen Tropfen Alkohol anrühren und sein neuer Name laute Tenskwatawa, „Offene Tür", eine symbolische Anspielung auf die Rolle des Petrus als Hüter der Schlüssel zum Paradies.

Einige glaubten ihm sofort, aber in Wirklichkeit nicht viele. Doch in den folgenden Monaten wiederholten sich seine Visionen, was immer mehr Shawnee davon überzeugte, er sei der Richtige für die Wahl zum Propheten. Was den Leuten gefiel, war sicherlich der Inhalt der Botschaft, die sich gegen den Untergang der traditionellen Werte und gegen die Übernahme der schlechten Gewohnheiten der Weißen richtete, zu denen vor allem der Alkohol gehörte. Die Botschaft kam dem Bedürfnis derjenigen entgegen, die voller Entsetzen dem Verfall der alten tradierten Gebräuche zusehen musste; verkörpert am Beispiel der vielen Krieger, die ihre wenigen Felle für ein paar Fässer Whisky hergaben. Im Rausch stieg die Streitsucht; das bezeugten die immer häufigeren Prügeleien, manche mit tödlichem Ausgang. Tenskwatawa gab zu, ein Sünder gewesen zu sein, den seine Vision gerettet hatte. Das Feuerwasser sei reines Gift und wer ihm verfiele, sei verdammt, wenn er nicht die Kraft finden würde, sich davon zu befreien. Er verdammte auch die Gewaltbereitschaft zwischen den Stämmen, die sexuelle Promiskuität und die Vielweiberei; auch legte er nahe, welche Riten der Vergangenheit bewahrt und welche durch neue, die er lehren würde, ersetzt werden sollten. Er hasste die Weißen, die Söhne des Bösen, und forderte dazu auf, ihre Technologie, ihre Kleidung und ihre Hunde abzulehnen. Würden sich die Indianer an seine Anweisungen halten, würden die Weißen verschwinden, versprach er. Diese Prophezeiung verbreitete sich auch unter den Nachbarstämmen (Delaware, Potawatomi und Wyandot). Tenskwatawa attackierte Skeptiker mit aller Macht und begann eine blutige Hexenjagd. Nicht wenige Ureinwohner bekamen es mit der Angst zu tun und verabscheuten „den betrunkenen Angeber", wie sie ihn nannten. Mit Hilfe seiner Anhänger versuchte der Prophet auch sein Glück unter den Seneca, indem er neue Konvertierungen innerhalb der Irokesen-Konföderation anzuregen versuchte, doch die Häuptlinge der anderen Stämme und auch der alte Handsome Lake wiesen seine Boten zurück. Main Poc († 1816), der Medizinmann der Potawatomi, verbrachte 1807 zwei Monate an der Seite von Tenskwatawa, um dann von dessen Religion allerdings nur einige Elemente zu übernehmen. Aufs Feuerwasser wollte er in der Tat nicht verzichten und glaubte, wenn er sich als Krieger zurückziehen und mit dem Trinken aufhören würde, würde er ein ganz normaler Mann werden und seine besonderen Kräfte, zu denen seine Unverwundbarkeit gehörte, verlieren.

Der wachsende Einfluss des Propheten der Shawnee beunruhigte die Amerikaner, auch weil sich zu gleicher Zeit dessen Bruder Tecumseh zu einem politischen Anführer entwickelte. Als geschickter und charismatischer Anführer und Krieger wollte er eine Konföderation unter den Indianern aufbauen, die den „Blauröcken" die Stirn bieten und deren Expansionsbestrebungen gen Westen aufhalten konnte. Doch Tenskwatawa stand unter einem wankelmütigen Stern, denn trotz seines festen Glaubens an die eigenen übernatürlichen Kräfte gelang es ihm nicht, diese aktiv zum Einsatz zu bringen. Dafür steht beispielhaft, was im eiskalten Winter 1808/09 geschah, als es ihm nicht gelang, eine besonders schlimme Hungersnot abzuwenden – wie in der Zeit vor seinen Visionen. Es kam noch schlimmer. Im November 1811, während Tecumseh in diplomatischer Mission unterwegs war, befahl der Prophet seinen Anhängern, die amerikanischen Soldaten in der Nähe seines Dorfes (Prophetstown) anzugreifen. Er garantierte ihnen Unbesiegbarkeit, doch nichts dergleichen. Viele Krieger kamen um und Tenskwatawa – der sich vom Kampf ferngehalten hatte, um die Feierlichkeiten zu überwachen – gab seiner Frau die Schuld, da sie ihm ihre Regelblutung verschwiegen habe, was ihr eigentlich verboten hätte, sich heiligen Orten oder Gegenständen zu nähern. Das sprach von wenig Mut, was ihm viele seiner

Leute übelnahmen. Auch Tecumseh wurde sehr wütend, als er im darauffolgenden Januar zurückkehrte. Er hätte natürlich gekämpft, aber vor allem als Anführer eines Heeres, für dessen Aufbau er sich mit aller Kraft einsetzte. Der Einfluss des Propheten brach ein und der Stern seines Bruders Tecumseh hörte für immer auf zu leuchten, als er am 5. Oktober 1813 am Fluss Thames im Kampf ums Leben kam, mitten im anglo-amerikanischen Krieg (1812–1815), bei dem die Shawnee an der Seite der Engländer kämpften. Nach Ende des Konflikts versuchte Tenskwatawa, die verlorene Führerrolle zumindest teilweise zurückzugewinnen, doch ohne Erfolg. Möglicherweise waren ihm einige seiner Gewissheiten abhandengekommen. Das könnte man annehmen, wenn man sein Bittgesuch an den indianisch-britischen Agenten William Claus (1765–1826) liest, mit dem er um fünf Fässer Rum für seine Anhänger bat, als längst keiner mehr an ihn glaubte. Er starb 1836 in Kansas, wohin sein Stamm umgesiedelt worden war.

Andere Propheten der Indianernation, die nicht so bekannt waren wie Handsome Lake und Tenskwatawa, könnten sie inspiriert haben. So Conrad Weiser (1696–1760), ein holländischer Pionier, der einen Großteil seines Lebens als Vermittler zwischen Ureinwohnern und Siedlern verbracht hatte. Er berichtete 1737, einem Wahrsager der Delaware begegnet zu sein, der predigte, das Elend und der Hunger unter den Indianern sei eine göttliche Bestrafung dafür, dass sie sich mit den Weißen eingelassen hätten, in erster Linie durch Handel und den Konsum von Rum. Weitere Quellen bezeugen ähnliche Predigten in den folgenden Jahrzehnten. Eine wichtige Rolle spielte Neolin, ebenfalls ein Prophet der Delaware, der 1762 zum ersten Mal in den Quellen genannt wird. Er verlieh den Gedanken seiner anonymen Vorgänger einen systematischeren Charakter, wodurch sich der Groll auf die Weißen noch steigerte. Auch fügte er eine neue Botschaft hinzu, er forderte die untereinander verfeindeten Stämme nämlich zu größere Solidarität auf, um sich gegen den gemeinsamen Feind zu verbünden. Auch Neolin hatte seine Eingebungen auf einer Reise ins Paradies erhalten, wo er dem Schöpfer des Universums begegnet war, der – unter anderem – die Sünde der Rothäute verdammt hatte, sich dem von den Weißen eingeführten Alkohol hemmungslos auszuliefern. Neolins Lehren wurden auch von seinem Zeitgenossen Wangomend (auch er ein Delaware) aufgegriffen, von dem der Missionar der Herrnhuter Brüdergemeinde Christian Frederick Post (1710–1785) berichtete, er hätte ihn zu den Ureinwohnern predigen hören: Wer Rum trank, endete in der Hölle.

Eine in gewisser Weise vergleichbare Bewegung hatte es bereits Jahrhunderte zuvor (1565–1572) in Gebieten des Inka-Reichs gegeben, vor allem im Süden der Region Huamanga (die heutigen Verwaltungsbezirke Ayacucho, Huancavelica und Apurímac). Die damaligen Spanier nannten die Bewegung Taki Onqoy, was in der Quechua-Sprache so viel heißt wie die Krankheit des Gesangs. Es gibt wenig Quellenmaterial, um diese gewaltsame Revolte gegen die spanische Invasion genau zu rekonstruieren, auch weil ihre Akteure gezwungen waren, im Geheimen vorzugehen. Wir wissen, dass man versuchte, die alten Gottheiten (*huaca*) – mit Tanz und Gesängen – wieder zum Leben zu erwecken. Wichtig war auch die Ablehnung all dessen, was aus Europa kam, in erster Linie Speisen, Getränke, Kleidung, christliche Namen und Kirchen. Den *huacs* waren Nahrung und Getränke darzureichen; es galt, sie immer wieder mit Chicha zu sättigen, was man nach dem übermächtigen kulturellen Zusammenprall mit den Kolonisatoren sträflich vernachlässigt hatte. Unter Führung des Priesters und Visitators Cristóbal de Albornoz (ca. 1530–1602 bis 1610) schlug das Kolonialregime die Bewegung mit aller Härte nieder.

Unterschiedliche Trinkverhalten: Siedler und Kolonisierte

Nach Ansicht von William Taylor war einer der Gründe, weshalb sich die Spanier in ihren Berichten so intensiv mit der Trunkenheit der indigenen Völker befassten, nicht, weil man jenseits des Atlantik mehr trank, sondern weil man grundlegend anders trank. Mäßigung bedeutete in Mexiko wie in Peru, nur zu ganz bestimmten Anlässen und in ganz bestimmter Gesellschaft zu trinken, aber nicht, weil man sich scheute, sich nach allen Regeln der Kunst zu besaufen. Im Gegenteil: Wenn der Moment des Trinkens gekommen war, tat man es bis zum Umfallen. Ganz anders war es in der spanischen Kultur rechtens, wenn nicht gar medizinisch notwendig, täglich in Maßen Wein zu sich zu nehmen, was man aber mit allem Nachdruck verurteilte, war sich zu betrinken, noch dazu im öffentlichen Raum. Mehr noch, auch was man sich unter Nüchternheit vorstellte, ging von zwei grundlegend unterschiedlichen Prinzipien aus: Für die Spanier ging es um die Menge (nie so viel, dass man die Kontrolle verlor); Für die Ureinwohner spielten beim Trinken Ort und Anlass die entscheidende Rolle. Doch jenseits aller Interpretationen besteht kein Zweifel darüber, dass viele Europäer, die es in die Neue Welt zog, starke Trinker waren. Die Quellen dazu sind eindeutig und vielsagend. Ein besonders aufschlussreiches Beispiel ist das des Banketts, das Cortés in Coyoacán anlässlich seines Triumphs über die Streitkräfte der Azteken in Tenochtitlan (1521) ausrichtete. Für das Tafelgelage ließ man aus Kuba – unter enormem Kostenaufwand – Schweine und viel Wein herbeischaffen. Die Feierlichkeiten endeten in einer Trinkorgie und für die wenigen Ureinwohner, die dem Spektakel beiwohnten, war es ein Skandal, eine Art Vorspiel zur Hölle. Die Rollen hatten sich völlig umgekehrt, worüber man sich überhaupt nicht wundern darf. Die Soldaten der spanischen Eroberung Mexikos waren raue Gesellen, die im Krieg außergewöhnliches Durchhaltevermögen und Kraft unter Beweis gestellt hatten. Nun aßen und tranken sie bis es nicht mehr ging. Nach den erzwungenen und langen Hungerphasen im Krieg hatten sie keine Lust, sich zu mäßigen, im Gegenteil, jetzt galt es zu prassen und über die Stränge zu schlagen. Und davon ließen sie sich bestimmt nicht abhalten.

Auch wer im nördlichen Amerika kämpfte, hatte nichts gegen Alkohol. Das bestätigte George Washington (1732–1799), für den sich die positive Wirkung eines maßvollen Konsums von Hochprozentigem in jedem Heer bewährt hatte und keiner das in Zweifel zog. Es wurde zum Problem, wenn man übertrieb, was viele der im amerikanischen Bürgerkrieg (1861–1865) kämpfenden Soldaten am eigenen Leib erfahren mussten: In vielen Schilderungen aus der Zeit beklagte man sich über völlig betrunkene Ärzte im Feldlazarett, dergestalt, dass sie sich kaum auf den Beinen halten konnten und man sie ins Erste-Hilfe-Zelt schaffen musste. Angesichts solcher Zustände wollten sich viele Verletzte nicht behandeln lassen, eher überließen sie sich dem Schicksal, als sich von völlig betrunkenen und entsprechend untauglichen Ärzten versorgen zu lassen. Viele Schlachten dieses Krieges wurden durch Fehler von Offizieren entschieden, die zu viel getrunken hatten, um einen klaren Kopf zu bewahren, aber vielleicht auch von Soldaten, denen der Alkohol jede gesunde Angst genommen hatte. Wie sehr die Trunkenheit verbreitet war, weiß man auch aus den Prozessakten des Unionsheers (die Akten der konföderierten Streitkräfte sind verloren gegangen): Alkohol spielte in 19% der Prozesse vor Kriegsgerichten eine Rolle.

Seit der Überfahrt der *Mayflower* (September–November 1620) mit ihren 120 Passagieren aus England, die sich als erste Europäer in Nordamerika ansiedelten, ist die Geschichte der atlantischen Kolonien vom Alkohol gezeichnet. Auf dem Schiff war eine große Menge Bier gelagert, das auch für die Kinder bestimmt war, es ersetzte das Wasser, das schnell faulig werden konnte. In Cape Cod angekommen, das man in Plymouth umbenannte, errichteten die Pilgerväter sehr bald eine Bierbrauerei und ein Wirtshaus. Das helle Getränk war ein Geschenk Gottes und sollte dementsprechend behandelt werden: ein Genuss in maßvollen Schlucken. Doch die Gefahr des Exzesses ließ nicht lange auf sich warten. Vor einem Gericht in Plymouth kam es 1635 zur ersten Verurteilung wegen Trunkenheit – der Beginn einer langen Geschichte. Trotz der Maßnahmen, mit denen man die Verbreitung von Alkohol einzuschränken versuchte, blieb man den Gewohnheiten des Alten Kontinents verhaftet. Schlimmer noch, der tägliche Alkoholkonsum stieg weiter an und vergorene und destillierte Getränke wurden Bestandteil der Kolonialherrschaft. Der englische Seefahrer Thomas Walduck, der an der Wende vom 17. zum 18. Jahrhundert lebte, war ein großer Kenner Westindiens. Seine Küsten hatte er der Länge und Breite nach bis tief in den Süden abgereist. In einem 1708 geschriebenen Brief an einen Neffen, der in London lebte, trifft es Walduck genau:

> In sämtlichen von den Spaniern eingerichteten Siedlungen war das erste, was sie taten, der Bau einer Kirche. Das erste, was die Holländer bei der Gründung einer neuen Kolonie taten, war der Bau einer Festung, doch das erste, was die Engländer in dieser völlig abgeschiedenen Ecke der Welt unter den wildesten aller Indianern taten, war, eine Wirtschaft aufzumachen oder ein Lokal, in dem man trinken konnte.

Doch zurück zu George Washington, der bei seinem ersten Auftritt auf der politischen Bühne keinen Erfolg hatte: 1755 kandidierte er für einen Sitz in der Versammlung in Virginia und verlor. Zwei Jahre später hatte er eine Idee, die heute der propagandistischen Nutzung eines eigenen Fernsehkanals gleichkäme. Mit seinem Privatvermögen erwarb er 144 Gallonen (ca. 545 Liter) Rum, Punch, Apfelmost und Wein. Damit schickte er seine Anhänger auf die Plätze und forderte sie auf, mit potentiellen Wählern ins Gespräch zu kommen und ihnen dabei ein Gläschen nach dem anderen anzubieten.

Washington wurde gewählt. Über Ethan Allen (1738–1789), einen weiteren Protagonisten der amerikanischen Unabhängigkeitskriege, kursierten viele Geschichten, die alle das Zeug hatten, aus ihm einen Kriegshelden zu machen. Eine seiner Tugenden war seine Trinkfestigkeit. Eine besonders schöne Geschichte ist dem erzählerischen Talent seines Waffenbruders Remember Baker (1737–1775) zu verdanken. Allen und Baker hatten sich nachts schlafen gelegt, als Baker von einem Geräusch geweckt wurde. Die Ursache ließ ihn erschaudern: Über die Brust seines Kameraden strich eine riesige Schlange, die diesen immer wieder biss. Mit wenig Hoffnung für Allen blieb Baker nichts anderes übrig, als die Schlange zu verscheuchen. Dabei fiel ihm etwas Seltsames auf, dass sich die Schlange nämlich äußerst konfus und unkoordiniert bewegte. Mit einem kräftigen Rülpser zog sie schließlich von dannen: Sie war betrunken. Tatsächlich hatten sich die beiden Männer während ihres Tagesmarschs mit reichlich Schnaps bei Laune gehalten. Allen hatte von allem nichts mitbekommen und als er am Morgen aufwachte, klagte er über die Mücken.

In einem Brief an den zweiten amerikanischen Präsidenten John Adams (1735–1826) beklagte Benjamin Rush (1745 oder 1746–1812), einer der Gründerväter der Vereinigten Staaten von Amerika, die weite Verbreitung des Alkoholtrinkens in der männlichen wie weiblichen Bevölkerung. Und das war kaum übertrieben. Die Siedler tranken übermäßig, und selbst die Kinder tranken. Damit nicht genug, denn sie wollten vor allem das, was wir heute als Hochprozentiges bezeichnen: Rum, Whisky, Gin und Brandy. Mit einem durchschnittlichen Alkoholgehalt von mindestens 45% hatte das nichts mehr mit dem verwässerten Wein der latinischen Tradition zu tun. Vor allem die Vorliebe für Rum kennzeichnete seit Beginn des 18. Jahrhunderts die Wege der Trunkenheit in den Kolonien am Nordatlantik. Wie Rush treffend beschrieb, führte der hohe Alkoholgehalt zu immer mehr Fällen von Trunksucht, und die Hüter der öffentlichen Ordnung sahen ebendiese von Trinkern bedroht, die sich mit wenig und billig betrinken konnten. Natürlich waren die vergorenen Getränke damit nicht verschwunden – Apfelmost, Wein und Bier fanden sich auch weiter auf den Tischen der ersten Euro-Amerikaner. Sorgen bereiteten Rush selbst Menschen wie George Washington, der aktiv an der Herstellung von Whisky beteiligt war, oder Thomas Jefferson (1743–1826), der dritte Präsident der Vereinigten Staaten. In die Alkoholfalle gingen auch Männer der Kirche, zum Beispiel Thomas Palmer (1665–1713), der 1708 als Pfarrer in Middleboro (Massachusetts) im Amt war. Sein „skandalöses" Verhalten und seine häufige Trunkenheit kosteten ihn sein kirchliches Amt und den Ausschluss von der Kommunion. Ihm gelang es, seinen Ruf wenigstens teilweise wiederherzustellen, so dass er als Assistent des Arztes in der Stadt bleiben konnte. Ob er mit dem Trinken aufhörte und seinen Platz am Altar irgendwann wieder einnehmen konnte, wissen aber nicht. Gewiss war die Kirche bereit, Siedlern zu vergeben, die in Alkoholabhängigkeit gerieten; schwieriger zu tolerieren waren Rückfälle, bei denen man sich, wie im Fall von Pfarrer Palmer, durchzugreifen gezwungen sah. Der Gesetzgeber von North Carolina (1715) begnügte sich mit einer Geldstrafe, wenn jemand am Tag des Herrn in betrunkenem Zustand erwischt wurde, mit einem Zuschlag für die, die betrunken in der Kirche erschienen. Weniger streng behandelte man Trunkenheit an Wochentagen, da war das Strafmaß nur halb so hoch wie am Sonntag.

Die europäische Art zu trinken wirkte sich unweigerlich auf die Sitten der Ureinwohner aus, nicht nur im Hinblick auf die Kriterien, nach denen Trunkenheit bemessen wurde, und durch die Einführung neuer Getränke und neuer Trinkgewohnheiten. Ein Beispiel von kulturellem Synkretismus, und bestimmt nicht das einzige, kann man auf Feiern der Tarahumara erleben, bei einem Tanz, der *matachine* heißt. Von den katholischen Missionaren aus Spanien sehr wahrscheinlich in kolonialer Zeit eingeführt ist er heute noch Brauch: Die Tänzer sind alle Männer und tragen bunte Kostüme. Der Tanz wird im Kircheninnern sowie außerhalb ausgeführt, und zwar um einige Holzkreuze herum, die in einem Hof aufgestellt sind, wo die Frauen die Speisen für die Feier zubereiten. Sobald eines der Gerichte fertig ist, bietet man es zunächst vor den Kreuzen dar, um es dann unter den Anwesenden zu verteilen, die es vor Ort nur kosten und die Reste mit nach Hause nehmen. Der Rest des Festes ist dem Alkoholkonsum gewidmet, vor allem einem vergorenen Getränk aus Mais, *tesgüino* genannt und auch sonst fester Bestandteil der Riten der Tarahumara. Mit dem Trinken beginnt man schon zu Anfang des Festes und man trinkt so lange, bis kein *tesgüino* mehr übrig ist. Normalerweise trinkt man zu Hause weiter, wo mehr „Bier" wartet. In der Theorie sollte man Maß halten und einigermaßen nüchtern bleiben, was aber nicht immer gelingt. So kann es tatsächlich passieren, dass die Feierlichkeiten am Karsamstag angesichts der Trunkenheit der Gläubigen frühzeitig abgebrochen oder verschoben werden müssen. Doch auch in präkolonialer Zeit gehörte zum Feiern der Konsum eines vergorenen Getränks, so die ersten Europäer, die mit den Tarahumara in Kontakt kamen. Beim Ritus des Übergangs ins Erwachsenenalter trank der Betreffende seinen ersten Alkohol. Auch auf Hochzeitsfeiern floss *tesgüino* in Strömen. Und den Toten gab man eine Ration fürs Jenseits mit ins Grab. Aus einem neuen Behälter trinken konnte man nur, wenn der erste Schluck den Gottheiten dargebracht wurde. Abgesehen von seiner Rolle bei religiösen Feierlichkeiten, hatte das Getränk noch andere Verwendungen: Man gab es Kindern mit Muttermilch vermischt, um sie zu stärken; und man setzte es bei jeder Art von Unpässlichkeit als Heilmittel ein, je nach Bedarf geschluckt oder äußerlich aufgetragen.

IV Betrunkene Straftäter, betrunkene Sünder

Warum nur?

Laut Quellen scheint die Trunksucht unter der indigenen Bevölkerung im nordöstlichen Amerika bis zur Ankunft der Europäer unbekannt gewesen zu sein, aber man gewöhnte sich schnell daran. Vor allem Gebranntes wie Schnaps zog sie an – das stärkste Getränk, von dem man am schnellsten betrunken wurde. Die Schilderungen der Europäer in Neufrankreich berichten einheitlich, dass es den Ureinwohnern keineswegs darum ging, etwas besonders Gutes zu genießen, sondern eher, sich gehörig zu betrinken. So schrieb beispielsweise der Priester Jean Dudouyt (1628–1688), wenn acht Indianer eine bescheidene Menge an Schnaps zur Verfügung hatten, sechs von ihnen bereitwillig auf ihren Anteil verzichteten, damit wenigstens zwei sich ordentlich betrinken konnten. Warum nur? Historiker und Anthropologen, die sich diese einfache Frage gestellt haben, geben darauf unterschiedliche Antworten, denn wie so oft ist man nicht weit von der Realität entfernt, wenn man gewillt ist, in jeder Antwort einen Funken Wahrheit zu erkennen und in keiner die absolute. Die ersten Analysen brachten den bemerkenswerten Anstieg des Alkoholverbrauchs im Europa des 16. und 17. Jahrhunderts mit den wachsenden sozialen Spannungen und der zunehmenden Verarmung in Verbindung, wobei sie sich auf das sogenannte „Modell der Flucht aus dem Elend" stützten. Damit ließ sich auch die Alkoholanfälligkeit der amerikanischen Ureinwohner in der Kolonialzeit erklären. Außerdem sah man in der Trunkenheit einen Grund für den demographischen Rückgang oder, ganz allgemein, das Aufeinanderprallen zweier Welten. Am Umgang mit den Neuankömmlingen zerbrachen einige Ureinwohner (Einzelpersonen wie ganze Stämme), angesichts der Unmöglichkeit, miteinander auszukommen. Sie gaben auf, ließen sich gehen und verfielen in eine Art Bewusstseinstrübung und in die Ablehnung der Realität, wobei ihnen große Mengen alkoholischer Getränke oder andere rauschhafte Substanzen halfen. Unter den Völkern in den Anden häuften sich die Fälle von Personen, die Selbstmord begingen oder Neugeborene töteten, um dem Schicksal eines Lebens in der Sklaverei der Bergwerke zu entgehen. Solche Antriebsmechanismen steckten sicherlich auch hinter den Menschen, die ihren Verstand oder ihre Erinnerungen im Alkohol ertränkten, wobei sie ein Schicksal wählten beziehungsweise erlitten, dass unseren heutigen Gesellschaften keineswegs fremd ist.

Wie jedes ernst zu nehmende Erklärungsmodell ist auch dieses infrage gestellt worden. Vor allem durch Forschungen, die sich mit Frankreich und mit Deutschland in der Neuzeit beschäftigt haben und die gezeigt haben, dass man in den Wirtshäusern weniger getrunken habe, um zu vergessen, als vielmehr, um gewisse Rituale des Gemeinschaftslebens mitzugestalten beziehungsweise an ihnen teilzuhaben. Sich zum Trinken treffen, einen ausgeben, gemeinsam anstoßen, das waren alles wichtige Gesten, um Beziehungen zu knüpfen und zu festigen und um an der kollektiven Iden-

http://doi.org/10.1515/9783110674972-005

tität mitzuwirken. Weitere Forschungen vor allem zu den unteren Schichten, und nun auch in England, unterstützten diese Interpretation, von denen man lernen konnte, dass viel trinken auch Stehvermögen, Tüchtigkeit und Kraft unter Beweis stellen konnte. Doch damit nicht genug. Die Eliten in der Neuzeit, darunter auch die italienischen, hatten nichts gegen gemeinschaftliches Trinken, etwa in exklusiven Clubs, wo man die Tugenden des Weins und seine Auswirkung auf die Kreativität zelebrierte. Auch wenn der Nobelpreis zu der Zeit noch nicht verliehen wurde.

Wir haben schon erklärt, wie die Kolonialherrschaft versuchte, den indigenen Volksglauben an einen göttlichen Ursprung der kontrollierten Trunkenheit und ihren Auswirkungen zu demontieren. Damit verloren Pulque und Chicha ihren sakralen Charakter und bekamen einen individualistisch wirtschaftlichen. Trinken wurde zur Privatangelegenheit und für die man zahlte. Das zog einen fundamentalen Wandel nach sich, denn die Neuankömmlinge sprachen den vergorenen Getränken nicht nur ihre religiöse Funktion ab, sondern oft auch ihre heilende Wirkung, ja, sie machten sich über das traditionelle Wissen sogar lustig. Gegen die – entspannende oder betäubende – Wirkung des Alkohols konnten sie nichts unternehmen, was ihn zum Fluchtort machte, aber auch zum Ausdruck der Suche nach einer Welt, die sich in Auflösung befand. Mit diesen Begriffen erklären Historiker und Soziologen den großen Zuspruch, den rauschhafte und erregende Substanzen in den indigenen Gemeinschaften nach der Kolonisation fanden, womit sie zum Erklärungsmodell von der Flucht aus bedrückenden Lebensumständen zurückkehren, ihm aber auch eine spirituelle Bedeutung beimessen: weniger vergessen, als vielmehr erinnern. Die Rituale aus der Zeit vor der kolonialen Eroberung, die in den Augen der Chronisten und Missionare kaum nachvollziehbar waren, zeichneten sich – das galt zumindest für die Regionen Mexikos und der Anden – durch ihre religiöse Bedeutung aus und durch eine Vorstellung von Maßhaltung, die den Europäern fremd war. Sich betrinken, ja, aber nur zu ganz bestimmten Anlässen und unter ganz bestimmten Bedingungen. Warum diese aufgeben? Die Trunkenheit der Ureinwohner konnte helfen, die Kultur der Vergangenheit zu verteidigen, im Gegensatz zu den moralischen Ansprüchen der Neuankömmlinge, denen gegenüber der Alkohol zur Behauptung der konstituierenden Traditionen der indigenen Identität beitragen konnte.

Eine Gemeinsamkeit aller Dokumente christlicher Provenienz, in denen von der Trunkenheit die Rede ist, ist ihre Definition als eines der größten Hindernisse auf dem Weg zur Konvertierung der Ureinwohner, ein vom Teufel errichtetes Hindernis, um der christlichen Mission Steine in den Weg zu legen. Das gilt auch für die Völker, die vor der Ankunft des weißen Mannes nicht einmal wussten, was Alkoholika waren, sich mit diesen aber sehr schnell vertraut machten. Es wurde bereits erwähnt, dass die Trunkenheit der indigenen Völker des nordöstlichen Amerika manchmal auch darauf abzielte, die Kommunikation mit den übernatürlichen Kräften zu erleichtern. Dieser Kontakt war im Rahmen einer Religionserfahrung grundlegend, bei der es auf die Herstellung von Kommunikationskanälen zwischen den Menschen und den Naturphänomenen ankam, durch die Auslegung von Zeichen und eines Wechsel-

•

spiels zwischen diesen Welten. Man trank also vor allem, um Visionen und Träume zu haben, dazu brauchte man den von den Siedlern eingeführten Alkohol, ähnlich wie Tabak oder andere berauschende Substanzen. Allerdings wird diese Sichtweise heute oft angezweifelt und unter Wissenschaftlern heftig diskutiert.

Weshalb die Indianer so viel tranken, versuchten auch ihre Zeitgenossen zu verstehen. Etwa der französische Abt François Vachon de Belmont (1645–1732), Missionar und Superior der Kongregation der Sulpizianer, die im Gebiet von Montreal aktiv waren. Sehr wahrscheinlich war er der Autor des Bändchens *Histoire de l'eau-de-vie en Canada* (um 1705 geschrieben). Seiner Meinung nach hielten die „Wilden Kanadas" den Schnaps weder für gut noch gesund, dennoch nahmen sie ihn wie einen Zaubertrank mit dem hauptsächlich drei Ziele erreicht werden konnten. Das erste war, ihr natürliches kaltes Blut – ein Grund für ihre Trägheit und Schüchternheit – anzuheizen. Zweitens schien der Trank dabei zu helfen, sich zu überwinden, um brutale, bösartige oder sündige Taten unter dem Impuls von Zorn, Rache oder Wollust durchführen zu können. Das dritte Ziel betraf Strafen und Verurteilungen: Im Alkoholrausch begangene Verbrechen waren nicht strafbar, da der Täter als unzurechnungsfähig galt, wenn er „außer sich" war. Eine Auffassung, die, wie wir noch sehen werden, europäischen Rechtskultur nicht fremd war. Im Licht dieser Erklärungen, befand Belmont, war die Trunkenheit der Ureinwohner, bei denen er missionarisch tätig war, anders als die jeder anderen Person.

Eine jüngere Arbeit des amerikanischen Biologen Robert Dudley, *The Drunken Monkey. Why We Drink and Abuse Alcohol*, vertritt eine sehr interessante und keineswegs abwegige These. Die Anziehung der Menschen für Alkohol (Ethanol) könnte auch von den Primaten herrühren, den Vorfahren des *Homo sapiens*, denn deren Hauptnahrung waren sehr reife und damit vergorene Früchte. In der Tat hilft der aus Hefen reifer Früchte entstandene Alkohol bei der Bekämpfung von Bakterien. Und obschon sich eine sehr hohe Alkoholkonzentration giftig auswirkt, ist zweifelsfrei bewiesen, dass eine begrenzte Exposition verschiedene Vorteile mit sich bringt. Möglicherweise hatte der maßvolle Konsum sogar eine wichtige Rolle im Evolutionsprozess gespielt, indem er die Tiere (darunter auch den Menschen) belohnte, die in der Lage waren, von den Vorteilen des Ethanols im Kampf gegen verschiedene toxische Komponenten zu profitieren. Das Problem liegt in der Definition von „maßvoll", denn die Variablen von einem Menschen zum anderen sind zahllos. Wenn ich zum Beispiel in Wien bin und mich abends mit einem Freund treffe, wird sehr schnell klar, was mit Variablen gemeint ist: Wenn ich so weit bin, mit dem Trinken aufzuhören, geht es bei den anderen erst richtig los. Die Werbesprüche zu Alkoholika hätten also einen Sinn, wenn sie uns auffordern, verantwortungsbewußt zu trinken und wären nicht nur eine harmlose Formel, um das Gewissen zu beruhigen. Allerdings ist in unserem Fall der Alkoholgehalt sehr niedrig, denn Gärung ist ein natürlicher Prozess, Destillation hingegen nicht. Und bisher wissen wir nichts von Schimpansen, die mit Brennblase und Destillierapparat hantieren. Ein Schlüsselelement für die These ist, dass pflanzenfressende Tiere, nicht nur die Primaten, Alkohol als sicheren Indikator für das Vorhandensein von Zucker wahrnehmen. Experimente haben nachgewiesen, dass viele Tiere den Alkohol benutzen, um reife Früchte ausfindig zu machen. Was nicht nachgewiesen werden konnte war, welche Rolle der Alkohol bei der Auswahl der guten Früchte hat. Es gibt Studien mit Nagetieren und Affen, die eine Verbindung zwischen dem Hang zu Alkohol und dem Verlangen nach Zucker belegen. Hier finden sich also gut begründete Elemente aus dem Evolutionsprozess, die den keineswegs zufälligen Zusammenhang erklären, und Erklärungsansätze auf die Frage, weshalb Alkoholiker ausgerechnet von Zucker so stark angezogen sind.

Bleiben wir dem betrunkenen Affen auf der Spur. Eine weitere wissenschaftliche Erkenntnis ist die, dass manche Bevölkerungen Alkohol besser vertragen als andere (Alkoholunverträglichkeit ist im Fernen Osten sehr viel weiterverbreitet als beispielsweise in Nordeuropa), sozusagen ein weiterer nützlicher Baustein, um die Theorie von Dudley zu untermauern. Außerdem hat man beobachtet, dass der Appetit von Primaten auf vergorenen Saft in Situationen zunehmen kann, die wir Menschen als Stress bezeichnen würden, im Fall der Affen etwa die Trennung von der eigenen Gruppe. Natürlich schließt Dudley kulturelle und soziale Komponenten nicht aus. Seine These ist, dass wir unsere Reaktion auf Alkohol, egal ob negativ oder positiv, zum Teil von unseren Vorfahren, den Primaten, geerbt haben könnten. In diesem Sinne weist der amerikanische Biologe weiter darauf hin, dass sich die Vererbbarkeit einer Tendenz zum Alkoholismus nur teilweise nachweisen lässt, was es eben nicht erlaubt, sich mit einer genetischen Erklärung zufrieden zu geben. Vielleicht gibt es eine Komponente der Vererbung – vielleicht auch nicht. Auch Michael Pollan stellt in seiner gelungenen Studie *Das Omnivoren-Dilemma. Wie sich die Industrie der Lebensmittel bemächtigte und warum Essen so kompliziert wurde* (2011) fest: Auf dem Bauernhof Polyface wird das Schweinefutter mit fermentiertem Mais angereichert, denn die Tiere sind verrückt danach und dank ihrer kräftigen Rüsselschnauze und ihres fantastischen Geruchsinns können sie die Maiskörner ausfindig machen.

Um die komplexe Antwort auf die einfache Frage, weshalb die Menschen im Allgemeinen und die indigenen Völker Amerikas im Besonderen so stark vom Alkohol angezogen waren und sind, zu Ende zu bringen, sollte man den Aspekt des Genusses nicht außer acht lassen. Wie Alberto Capatti und Massimo Montanari in ihrem Werk *La cucina italiana* (1999) schreiben, ist auch der Geschmack ein Produkt der Geschichte. Natürlich sind wir nicht in der Lage, die persönliche Erfahrung des Irokesen zu rekonstruieren, der zum ersten Mal mit Schnaps in Kontakt kam, wohl aber können wir die Kultur definieren, die ihn eine Speise als gut oder schlecht empfinden lässt, in unserem Fall ein Getränk. Das tat mit bewundernswert kritischem Geist John Heckewelder zu Beginn des 19. Jahrhunderts, wozu er sich genau unsere Frage stellte. Aus welchem Grund waren die Indianer so stark von alkoholischen Getränken angezogen? Wir versuchen, seinen Überlegungen zu folgen, die sich, wie wir wissen, auf eine Untersuchung der Stämme an der nordöstlichen Küste bezogen. Beginnend mit einem „vielleicht" oder „ich glaube", brachte Heckewelder die Vorliebe für Alkoholika mit ihrer Diät in Verbindung, die viel frisches Obst und Gemüse enthielt. Vor allem wenn diese ohne Salz verspeist wurden, löste das nach einer Weile Lust auf etwas Kräftigeres aus. Daher rührte der Hang der Indianer zu säuerlichen Dingen wie Essig, Cranberries (die sie besonders schätzten und für die sie auch lange Wege in Kauf nahmen) sowie andere saure oder zumindest aromatische Früchte, auch um mit dem kostbaren Salz sparsam umzugehen. Was gibt es Stärkeres als einen Schnaps? Versuchen wir uns das Gefühl vorzustellen, das ein guter hochprozentiger Grappa auslöst, der in einem Zug heruntergeschluckt wird ... hinterlässt er nicht einen scharf brennenden Nachgeschmack, wollen wir nicht spontan die Zunge herausstrecken und ein langes „Aaaaah" ausstoßen? Dazu fällt mir eine persönliche Erfahrung mit Raki ein, dem türkischen Anislikör mit mindestens 40% Alkoholgehalt, den man normalerweise mit Wasser verdünnt trinkt. Ein Freund (das klingt leicht daher gesagt, ist diesmal aber wahr) kippt ein Glas davon hinunter, verzieht keine Miene, schaut argwöhnisch auf das Wasser, das zusammen mit dem Raki serviert wird, trinkt es skeptisch, doch kaum spürt er den starken Geschmack des Wassers, lässt er sich zu diesem „Aaaaah" verleiten. Denn letzten Endes ist sauer nicht für jeden gleich sauer.

Wenn wir über Geschmack sprechen, darf Jean Anthelme Brillat-Savarin (1755–1826) nicht fehlen, den man gemeinhin als den Begründer der modernen Gastronomie schätzt. In seinem Bestseller aus dem 19. Jahrhundert *Physiologie des Geschmacks* befasste er sich unter anderem mit starken Getränken, und – so schrieb er – das Verlangen nach ihnen vereine alle Menschen, auch die „die man üblicherweise Wilde nennt". Und weiter: „Der Alkohol ist der Monarch der Getränke, der die Erregung des Gaumens aufs Höchste steigert", die Getränke, die dank neuer Verfahren wie die Destillation entstanden sind, „haben neue Genussquellen geöffnet". Es gab aber auch die andere Seite der Medaille, denn der Alkohol, fügte Brillat-Savarin hinzu, „ist sogar in unseren Händen eine furchtbare Waffe geworden, denn die Nationen der neuen Welt wurden ebenso sehr durch den Branntwein, als durch die Feuergewehre gezähmt und vernichtet". Das nennt sich die heilige Gabe der Synthese.

Strafbarkeit

In den uns verfügbaren Berichten über die religiösen Feierlichkeiten der Irokesen zeigt die enge Verknüpfung zwischen Gesängen, Tänzen und hemmungslosen Besäufnissen, wie sehr die typischen Ausdrucksformen der traditionellen Gläubigkeit mit denen der Trunkenheit in einen Dialog getreten waren. Außerdem können wir nicht ausschließen, dass die Menschen in der Hoffnung zum Glas griffen, mit einer anderen Dimension in Kontakt zu kommen. Zur Unterstützung dieser These ließen sich die Worte von Paul Le Jeune heranziehen, der das Verhalten der Innu (der Urbevölkerung des östlichen Teils der Labrador-Halbinsel, nicht zu verwechseln mit den Inuit) im betrunkenen Zustand beobachtet hatte. Ihr veränderter Bewusstseinszustand strebte danach, neue Fähigkeiten anzunehmen, sogar jene außergewöhnlichen der Anführer, der Heiler, der Visionäre als Interpreten des Übernatürlichen. Einfacher gesagt, im Alkoholrausch näherte sich eine normale Person dem Schamanen oder dem Anführer der Krieger durch besseres öffentliches Reden und stärkeres Selbstwertgefühl. Die Rechtsprechung der Irokesen sah bei Delikten, die unter Alkoholeinfluss begangen worden waren, Schuldunfähigkeit vor, unabhängig von der Schwere des Vergehens – auch ein gutes Motiv, um zu trinken. Dieselbe Unzurechnungsfähigkeit wurde auch den Mitgliedern des „Bunds der Falschgesichter" (*Faux-Visages*) für alles zugestanden, was während ihrer Trance-Zustände geschah. Die Rede ist von einer Gruppe von Medizinmännern, die die Fähigkeit besaßen, Träume zu interpretieren, auf natürliche Elemente einzuwirken und so Krankheiten zu heilen. Sie verwandten für ihre Momente der Ekstase Tabak, aber ob Alkohol oder Tabak, die Ähnlichkeit der Funktion versteht sich von selbst. Wir wissen, dass das unkontrollierte Verhalten von Trinkern für Stammeshäuptlinge erhebliche Probleme bei der Einhaltung der öffentlichen Ordnung verursachte, doch sie reagierten darauf nicht mit der Bestrafung der Trinker, sondern vielmehr mit der Strafverfolgung der Alkoholhändler, wozu sie die kolonialen, zivilen und kirchlichen Behörden um Hilfe baten.

Die Geschichte der Vorkehrungen gegen Schmuggel ist reich, und es ging dabei neben Rum und Whisky auch um Getränke, die wir kaum kennen. Das ist der Fall von *chinguirito*, einem hochprozentigen Feuerwasser oder Aguardiente, das in der Neuzeit in Mexiko verbreitet war. 1635 verbot die Kolonialjustiz die Destillation aus Zuckerrohr und Agave. Aus Zuckerrohr destillierte man den *chinguirito*, aus Agaven den Mezcal. Als Gründe für das Verbot machte man die Schäden verantwortlich, die der Alkohol bei den Ureinwohnern verursachte. Die Vizekönige mussten dieses Verbot immer wieder erneuern: 1699, 1714, 1724 und weiter in regelmäßigen Abständen bis zum Ende des 18. Jahrhunderts, ein deutliches Zeichen dafür, wie wenig es befolgt wurde. Im 18. Jahrhundert konsolidierte sich dann die Herstellung des weißen Pulque (der pur war, ohne Zusatz von Inhaltsstoffen, die den Alkoholgrad hätte steigern oder dessen Zersetzung verlangsamen können) und des Mezcal, was aber auf einige Regionen beschränkt blieb. Aguardiente aus Zuckerrohr und Wein durften getrunken werden, solange sie spanischer Herstellung waren, um der Krone Steuereinnahmen zu sichern. Als weiteres Motiv für Verbote führte man auch Gesundheitsrisiken an, in der Tat wurde behauptete, die unkontrollierte Produktion vor allem von *chinguirito* habe wegen Herstellungsfehlern oder dem Hinzufügen gefährlicher Zutaten zahlreiche Todesfälle verursacht. Manche gaben ihm den Vorzug vor Pulque, denn wegen des höheren Alkoholgehalts trank man weniger, auch garantierte die Haltbarkeit des Destillats, dass man nichts Verdorbenes trank. Unter den Verteidigern von *chinguirito* fand sich auch der Erzbischof von Mexiko-Stadt Francisco Antonio de Lorenzana y Butrón (1722–1804). Er beobachtete unter anderem, dass Aguardiente weniger kostete als Pulque und dass die Ureinwohner, die ersteren tranken, sich finanziell weniger häufig ruinierten als die, die das zweite Getränk vorzogen. Letzten Endes war auch der Konsum gesünder, denn mengenmäßig trank man weniger, was dem Magen des Trinkers zugunsten kam. Lorenzana befand sich allerdings in der Minderheit, denn in der Regel unterstützten die kirchlichen Autoritäten die Verbote, die sie im Kampf gegen die Trunkenheit für notwendig erachteten und die für sie stets eng mit Heidentum und Götzendienst verknüpft war. Natürlich waren für die Händler von Schmuggelware die lange Haltbarkeit des Schnapses und damit sein problemloser Transport entscheidend, um der Spirituose einen wichtigen Platz auf dem Schwarzmarkt zu sichern. Die Verteidiger des Aguardiente aus Zuckerrohr siegten über die spanischen Hersteller und die Prohibitionsversuche der Krone mussten kapitulieren. Am 19. März 1796 erteilte die Krone die Genehmigung für die freie Herstellung und den freien Konsum von *chinguirito* im gesamten Vizekönigreich Neuspanien. Der Misserfolg der Prohibition ließ sich auf zwei Dinge zurückführen: die simple Herstellung des Destillats und die große Nachfrage, die in keiner Weise mit den wenigen und sehr teuren Vorräten des aus Spanien importierten Schnapses gedeckt werden konnte. Trotz Liberalisierung hörte der Schmuggel nicht auf, und auch verschiedene höhere lokale Beamten, die es verstanden, die für eine Genehmigung notwendigen Vorschriften zu umgehen, waren involviert. Dennoch bedeutete die Aufhebung der Prohibition einen Wendepunkt in der Geschichte der mexikanischen Trinkgewohnheiten.

Wir stören uns an dem Gedanken, dass ein Mord unter der Wirkung von Alkohol womöglich entschuldbar wird; in unserem aktuellen Strafsystem ist Trunkenheit nie strafmildernd, im Gegenteil, in einigen Fällen sogar eher ein straferschwerender Umstand. Artikel 92 des italienischen Strafrechts lautet beispielsweise: „Trunkenheit, die sich nicht aus Zufall oder höherer Gewalt herleitet, vermindert Strafbarkeit weder noch schließt sie diese aus. Wenn die Trunkenheit herbeigeführt wurde, um ein Verbrechen zu begehen oder um eine Rechtfertigung vorzubereiten, erhöht sich das Strafmaß". Das war aber nicht immer so. Wir sollten auch nicht denken, dass es nur in einem von den Zeitgenossen als primitiv eingeschätzten Justizsystem wie dem der Irokesen – Lichtjahre vom zivilen Europa entfernt – vorkam, dass Betrunkene strafrechtlich nicht belangt wurden.

Die Sache ist nicht so einfach, was die unterschiedlichen Betrachtungsweisen in den Gesellschaften, die die westliche Kultur begründet haben, belegen. Der griechische Philosoph Pittakos von Mytilene (650–570 v. Chr.) hielt den betrunkenen Verbrecher für doppelt schuldig, während in den *Digesten* – einer Sammlung von Kommentaren römischer Rechtsgelehrter von 533 – verschiedene Abschnitte zu lesen sind, in denen sich der Umstand der Trunkenheit strafmildernd oder strafvereitelnd auswirkte, da das Verbrechen begangen worden war ohne das, was wir heute als Zurechnungsfähigkeit bezeichnen. In der Rechtsprechung der Neuzeit ließ sich dieselbe Nachsichtigkeit wie in den *Digesten* feststellen, vielleicht ohne den Freispruch von der Straftat, wohl aber unter Berücksichtigung mildernder Umstände angesichts der Bewusstseinsveränderung im Zustand der Trunkenheit. Die in der Neuzeit auf dem Alten Kontinent vorherrschende Rechtskultur orientierte sich am römischen Vorbild und sah in der Trunkenheit ein Motiv für Freispruch oder Strafmilderung, auf jeden Fall war sie als solche nicht strafrechtlich belangbar, solange sie nicht zu illegalem oder unsittlichem Verhalten verleitete. Die Maßregelung des Betrunkenen überließ man normalerweise der Kirche und den Moralisten. Das war weitgehend der Standpunkt der Justiz, aber nicht immer und überall. In der normativen Vielfalt, die das damalige Europa kennzeichnete, gab es auf jeden Fall auch Raum für Erlasse, die sogar die Verschärfung des Strafmaßes im Falle eines betrunkenen Straftäters vorsahen; Gesetze, die die Richter aber häufig nicht anwendeten, da sie sich eher an Strafen hielten, die einer Art Gewohnheitsrecht beziehungsweise dem allgemeinen Empfinden entsprachen. Kehren wir zurück zu unserem Strafgesetzbuch (Art. 688):

> Jeder, der an einem öffentlichen Ort oder einem der Öffentlichkeit zugänglichen Ort im Zustand eindeutiger Trunkenheit angetroffen wird, wird mit einer Verwaltungssanktion in Form eines Bußgeldes von einundfünfzig Euro bis dreihundertneun Euro bestraft. Die Strafe wird zu drei- bis sechsmonatiger Haft, wenn das Vergehen von jemandem begangen wird, der schon eine Verurteilung wegen fahrlässiger Tötung oder fahrlässiger Körperverletzung hat. Das Strafmaß erhöht sich bei wiederholter Trunkenheit.

Diese beiden entgegengesetzten Positionen in der Neuzeit waren Gegenstand zahlreicher juristischer Debatten und spiegelten Überzeugungen wider, die auch bis auf den amerikanischen Kontinent gelangten. In den Prozessprotokollen der britischen Kolonien während des 17. und 18. Jahrhunderts – um ein Beispiel zu nennen – wechselten sich Fälle ab, in denen gewalttätige oder schädigende Vergehen als nicht strafbar galten, wenn sie im Zustand der Trunkenheit begangen wurden, mit Fällen, in denen im Gegensatz Trunkenheit als erschwerend ins Gewicht fiel. Anders fiel das Urteil aus, wenn es sich um Indianer handelte, über die Weiße Gericht hielten: In diesen oft sehr pauschalen Verfahren war Trunkenheit eine zusätzliche Schuld.

Eine weitere Gefahr ließ sich im Zusammenhang mit Gelagen ausmachen, da sie womöglich den Rahmen boten, um Aufstände zu organisieren oder anzuzetteln, Angriffe auf die Macht im weiten Feld zwischen Mangel an Respekt und handfester Rebellion. Ein Beispiel ist die Revolte der Beckman (1684) in der brasilianischen Region Maranhão, zu der die Brüder Manuel (ca. 1630–1685) und Thomas Beckman gegen das Monopol der lokalen Handelsgesellschaft aufgerufen hatten und die im Jahr darauf von portugiesischen Kolonialtruppen niederschlagen wurde. Bei seiner Beschreibung der Rebellen stellte der Gelehrte Francisco Teixeira de Moraes (1684) sie als eine dem Gott Bacchus frönende Bande dar, immer auf der Suche nach einer Wirtschaft oder einer befreundeten Familie, wo man trinken konnte.

Betrunkene ohne Gott

Der Franziskaner und Missionar Alonso de Molina (1513–1579) veröffentlichte im Jahr 1569 ein zweisprachiges Handbuch (Spanisch und Nahuatl), um den Beichtvätern bei der Ausführung ihrer Aufgaben zu helfen. Mit dieser Art Schrift versuchte man im 16. Jahrhundert, dem weitgehend ungebildeten Klerus eine Reihe von Kriterien zur Hand zu geben, mit deren Hilfe die Geistlichen als vom Katholizismus sündhaft angesehene Handlungen erkennen und korrigieren sollten. Denn hinter dem tagtäglichen

Verhalten überlebten häufig die alten Glaubensformen. In der Aufzählung von Molina gab es auch Hinweise auf Getränke, mit denen man sich betrinken konnte. So lauteten die typischen Fragen, die dem Beichtvater nahegelegt wurden: „Hast du jemals Pilze gegessen, die betrunken machen (klarer Bezug auf die Rauschpilze) oder so lange getrunken, bis du bewusstlos wurdest? Hast du Dinge gegessen, durch die du außer dich geraten bist und hast in diesem Zustand dann eine Sünde begangen?"

Die Disziplin bezüglich der Trunkenheit fand Eingang in den Katechismus, der das Ergebnis der Arbeiten auf dem dritten Konzil von Lima (1582–1583) war. Im Text wurde die Rhetorik der religiösen Lehre durch die Veröffentlichung eines Sermons bezeugt, der als Leitfaden für die in den Anden aktiven Prediger bestimmt war. Die Predigt begann damit, die eventuellen Zuhörer daran zu erinnern, dass Gott Nahrung und Getränke erschaffen hatte, um den Menschen bei Kräften zu erhalten. Wer aber damit Missbrauch trieb, versündigte sich an Leib und Seele. Und schon war man beim fünften Gebot, nicht zu töten … Wer sich betrank, tötete seine Seele. Das war eine Todsünde, denn man warf das Beste weg, das Gott dem Menschen mitgegeben hatte: das Urteilsvermögen und den Verstand. Diese sehr deutlichen Ermahnungen wurden noch von der Beschreibung des betrunkenen Menschen untermauert: von Sinnen, gewalttätig, unsicher auf seinen Beinen, unfähig zu reden, mehr Tier (Pferd oder Hund) als Mensch.

Wir haben bereits von den Propheten gesprochen, doch auch verschiedene Indianer aus Nordamerika stellten den Bezug zwischen dem Niedergang der eigenen Nation und der Trunkenheit her, wobei sie den Akzent auf die Entmenschlichung durch den Alkoholmissbrauch setzten und damit zeigten, dass sie sich die Lehren der Missionare zu eigen gemacht hatten. Zum Beispiel gibt John Heckewelder ein Gespräch wieder, das er mit einem Indianer hatte, dem er gegen Ende des 18. Jahrhunderts in Pittsburgh begegnet war. Auf die einfache Frage: „Wer bist du?", lautete die Antwort des Indianers: „Mein Name ist Blackfish, wenn ich zu Hause bey meinem Volke bin, bin ich ein tüchtiger Kerl, und wenn ich hier bin, ein Schwein (*hog*)" (dt. Ausg. 1821, S. 450). Die Trunkenheit, hieß es weiter im Katechismus aus Peru, führe zur Verdammnis, wie es auch in der Heiligen Schrift steht, worauf eine Liste mit Höllenqualen folgte. Des Weiteren fand sich eine kurze Analyse der Übel, die die Trunkenheit mit sich brachte, unter denen man vier auswählte. Das erste Übel: Hemmungslos trinken führte zu Krankheit und Tod; während der Inka-Herrschaft, als es ihnen verboten war, sich dem Alkohol hinzugeben, hatten viel mehr Einheimische gelebt. In der Zeit des Inka-Reiches Tawantinsuyu – so der Katechismus – war die staatliche Kontrolle über den Konsum von Chicha (nicht deren Herstellung) sehr streng. Außerhalb von Festen und rituellen Feierlichkeiten wurde Trunkenheit hart bestraft, oft mit dem Tod. Das zweite Übel: Die Trunkenheit verwirrte den Geist und machte einen zum Idioten, wie sich an der Tatsache beweisen lässt, dass unter den Ureinwohnern und nur unter ihnen, die Kinder schlauer als die Väter waren. Die Besäufnisse gingen einher mit Wollust und beide vernebelten den Verstand. Das dritte Übel: War man betrunken, beging man viele große Sünden. Man wurde den eigenen Frauen und den Freunden gegenüber gewalttätig – das ging bis Mord und Totschlag –, man beging Inzest, man paarte sich wie Tiere. Derart tief zu sinken und nicht mehr wahrzunehmen, was man tat, war keine Rechtfertigung, im Gegenteil, es machte die Sündhaftigkeit nur noch schlimmer. Das vierte und ärgste Übel von allen: Die Trunkenheit entfernte vom Glauben an Jesus, sie führte wieder zurück zur abscheulichsten, teuflischen Götzenverehrung. In der Trunkenheit gingen Christus und alles, was die Prediger, die christliche Lehre und die Taufe erreicht hatten, verloren. Der Teufel hat dagegen das verlorene Terrain zurückerobert. Die Trunkenheit ließ vorchristlichen Götzenglauben und Rituale wiederaufleben. Die Schlussfolgerung war kurz und bündig: Gott würde die Säufer bestrafen.

Das Laster konnte auch für Missionare die Ursache für fürchterliches Unheil sein, genauso wie für Fälle ärgster Gotteslästerung. Im Jahr 1681 bemühten sich vier Jesuiten mit allen Kräften um die Evangelisierung einiger indigener Gruppen in der Region des oberen Orinoco, damals das Neue Königreich von Granada, heute Venezuela. Die Dinge ließen sich gut an. Die friedliche Urbevölkerung akzeptierte die Missionare ausgesprochen freudig, die man in sieben verschiedenen Dörfern ansiedelte. Dort führten die Missionare „die Regeln der Menschlichkeit und der Vernunft" ein (nach europäischem Muster, versteht sich), den Ackerbau und die Viehzucht, und natürlich bemühte man sich um ihre ernsthafte Konvertierung zum christlichen Glauben. Doch am 3. Oktober 1684 kamen plötzlich zweihundert feindselig gestimmte Ureinwohner, die gefürchteten karibischen Kannibalen, über den Fluss und überfielen drei der Dörfer. Sie folterten und töteten drei Jesuiten und schändeten ihre Leichen: den Spanier Ignacio Fiol (1629–1684), den Deutsche Gaspar Bec (1640–1684) und den Belgier Ignace Toebast (1648–1684). Noch nicht zufrieden, entweihten sie auch die liturgischen Gegenstände, indem sie in die Messkelche die „schlechte" Flüssigkeit gossen, mit der sie sich normalerweise betranken, und von den Patenen, den Eucharistie-Schalen, aßen sie das Fleisch ihrer getöteten Feinde (allerdings nur das der anderen Ureinwohner).

Aus Tätern konnten aber auch Opfer werden, wenn wir dem franziskanischen Chronisten Diego de Córdova y Salinas (1591–1654) Glauben schenken wollen. Bei einer Mission im Territorium des Flusstals Chanchamayo (Zentralperu) wurden die franziskanischen Missionare Jerónimo Jimenez (ca. 1604–1637) und Cristóbal Larios († 1637) von feindseligen Ureinwohnern angegriffen und getötet. Sämtliche Angreifer, so lässt uns Córdova wissen, gingen einem tragischen Schicksal entgegen. Den, der sich an der Ermordung von Pater Larios schuldig gemacht hatte, erwischte es am schlimmsten. Bei der Aufteilung der Kriegsbeute nahm er sich den Kelch, mit dem der Missionar normalerweise die Messe zelebrierte, für das Trinkgelage mit Chicha nach dem Massaker. Das bekam ihm schlecht. Kaum hatte er den Kelch an die Lippen geführt, um auf seine Götzen anzustoßen – so der Chronist – fiel er tot um. Seine Kumpanen versteckten den Kelch völlig schockiert in einer Ecke, was es den christlichen Ureinwohnern (die die Franziskaner konvertiert hatten) erlaubte, ihn später wiederzufinden.

Im Lauf der Zeit, als man (nicht ganz zu Recht) begann, die Phase der Christianisierung auf dem amerikanischen Kontinent für fast abgeschlossen zu halten, offenbarte das Festhalten an indigenen Festlichkeiten ein Zeichen von Widerstand, obschon die Kolonisatoren weiterhin versuchten, diese Feste zu behindern und anzuprangern, auch mit Begründungen, die rein gar nichts mit Religion zu tun hatten. Ja es waren die zivilen Autoritäten – wie im Fall der Provinz von Charcas (heute Bolivien) –, die die Geistlichen und Pfarrer tadelten, sie ermutigten die Ureinwohner zum Feiern der vielen christlichen Feste, ohne sich klar zu machen, dass diese Feste Laster, Gewalt und Trunkenheit Vorschub leisteten und außerdem Anlass zu maßloser und grundloser Verschwendung waren. Gerade der wirtschaftliche Faktor war ein guter Grund, um Nein zu den Festen zu sagen beziehungsweise sie zu beschränken, indem die Behörden nur eine begrenzte Teilnehmerzahl zuließen. Um 1770 begann der Korregidor, der Vorsteher des Magistrats, der Provinz Atacama (heute Chile) mit einer Zivilisierungs-Kampagne, die mit einer Ansiedlung der Bewohner in Dörfern begann. Das kannte man schon aus Paraguay, wo die Jesuiten anderthalb Jahrhunderte zuvor Dorfsiedlungen eingeführt hatten, die sogenannten „Reduktionen". Darauf folgte die Organisation der Schulen, die Ersetzung der Sprache der Ureinwohner durch Spanisch, die Kanalisierung und Düngung der Felder. Ein Programmpunkt war auch die Einschränkung der Möglichkeiten für Anstößigkeit und Trunkenheit, mit einem Wort, der Feste.

Die Vorstellung, für die Menschheit sei es besser, alkoholhaltige Getränke zu verbieten, ist die andere Seite der Geschichte der Trunkenheit. Das bekannteste Kapitel dieser Geschichte ist zweifellos die Prohibition in den Vereinigten Staaten (1920–1933), als alkoholische Getränke öffentlich verboten waren und Gangster und die Filmindustrie ein Vermögen damit verdienten. Diese Zeit passt nicht in die Chronologie unserer Studie, aber das Thema ist nicht aus dem Nichts entstanden, vielmehr gründete es auf Überzeugungen, die dies- und jenseits des Atlantik verbreitet waren. Bereits Kaiser Karl V. (1500–1558) hatte für seine Herrschaftsgebiete in Übersee zwei Verordnungen gegen Pulque erlassen, die den Handel damit einschränken sollten, da das Getränk angeblich Gesundheit und gute Sitten schädigte. Es folgte der Kampf gegen *chinguirito*, von dem schon die Rede war. Auf die Notwendigkeit, gegen Trunkenheit vorzugehen, konzentrierte sich, wie wir wissen, José de Acosta. Gleich zu Beginn der Kapitel in *De Procuranda*, in denen er sich mit diesem Thema beschäftigten, nannte er den Kampf gegen Trunkenheit eine der dringlichsten Pflichten der christlichen Mission. Viel realistischer als Andrew Volstead (1860–1947), der amerikanische Politiker, nach dem man das Gesetz zum Alkoholverbot benannte, glaubte der spanische Jesuit nie, alkoholische Getränke gänzlich verbieten zu können, er konzentrierte sich vielmehr auf ihren öffentlichen Konsum. Um diesen einzuschränken, schlug er vor, die Ureinwohner mit einzubeziehen, indem man einige mit Handlungsspielraum und der nötigen Macht ausstattete, damit diese die korrekte Einhaltung der von den kolonialen Behörden erlassenen Vorschriften gegen die Trunkenheit überwachten. Wer diesen Verpflichtungen nicht sorgfältig nachkam, musste mit harten Strafen rechnen.

In Nordamerika erlebten alkoholische Getränke ihren besten Moment um 1820, als der tägliche Pro-Kopf-Konsum das Dreifache des heutigen betrug – auch wenn diese Angaben mit äußerster Vorsicht zu behandeln sind. Abgesehen von diesen Berechnungen bezeugen die Quellen eine flächendeckende Verbreitung von berauschenden Getränken, unter Männern, Frauen und Kindern. Es waren vor allem die Geistlichen, die der Trunkenheit entschlossen den Kampf ansagten, wie es die Gründer der American Temperance Society taten, die am 13. Februar 1826 in Boston gegründet wurde. Es handelte sich dabei um die Presbyterianer Justin Edwards (1787–1853) und Lyman Beecher (1775–1863), den Vater von Harriet Beecher Stowe (1811–1896), Autorin des Romans *Onkel Toms Hütte*. Der Erfolg dieser Organisation war enorm, die Zahlen sprechen Bände: Drei Jahre nach der Gründung gab es in den Vereinigten Staaten etwa eintausend Filialen der Vereinigung, und im Jahr 1834 fünftausend, mit einer eindrucksvollen Anzahl an Mitgliedern, etwa elf Millionen. Man befand sich in einem regelrechten Krieg gegen die amerikanischen Trinkgewohnheiten und hatte letztlich sogar einen gewissen Erfolg, auch dank der Unterstützung vieler Ärzte, die sich auf die Seite der Geistlichen schlugen und auf die schlimmen Folgen der Trunksucht hinwiesen. Die Bewegung identifizierte sich immer stärker mit den protestantischen Kirchen und die Mäßigung wurde an erster Stelle eine religiöse Angelegenheit. Dasselbe gilt für Südamerika, wo die evangelischen Kirchen auch heute noch den Kampf gegen die Trunksucht als einen zentralen Punkt ihrer seelsorgerischen Tätigkeit ansehen.

In den Vereinigten Staaten sorgten sich die Gegner des Alkohols vor allem um die Frauen, Opfer betrunkener Ehemänner, die nicht mehr in der Lage waren, für den Unterhalt der Familie zu sorgen und oft ihre Frauen und Kinder misshandelten. Das Problem war real, ohne Zweifel, und die Frauenorganisationen begannen sich ihrerseits darum zu kümmern, vor allem auch um die kleinen Kinder. Sehr aktiv war die Woman's Christian Temperance Union (WCTU), die man in Ohio im Dezember 1873 gründete und die im Jahr darauf 250.000 aktive Mitgliederinnen verzeichnete. Der Organisation ging es nicht nur um Trunkenheit, sondern auch um Frauenrechte, allen voran um das Wahlrecht für Frauen. Man setzte sich für soziale Reformen zur Verbesserung der Lebensbedingungen von Frauen ein. Das betraf heikle Problematiken wie etwa Kinderarbeit, öffentliche Gesundheitsversorgung, Prostitution und Polygamie. Um diese Fortschrittsziele zu erreichen, rief man zu einer reinen und nüchternen Lebensweise auf, was sich vor allem im Kampf gegen Alkohol und Tabak ausdrückte. Eine typische Geste der Mitgliederinnen war es, in die überfüllten Saloons zu gehen, sich dort niederzuknien und christliche Loblieder anzustimmen. Sehr bald begann sich die Bewegung auch für Indianer zu interessieren und diese aktiv einzubeziehen.

Eine zentrale Figur in dieser Geschichte ist Eliza Pierce (geboren Billings, 1839 oder 1845–1936), die ab 1901 die Seele der ersten indianischen Gruppe innerhalb der WCTU wurde. Die Lebensumstände Elizas bezeugen eine besondere Sensibilität für Probleme, die mit Alkoholmissbrauch zu tun haben, seit dem Ende ihrer ersten Ehe mit David Webster, den sie nach wiederholten Misshandlungen verließ, die höchstwahrscheinlich auf seine Trunksucht zurückzuführen waren. 1885 ging sie eine zweite

Ehe mit Jaris Pierce ein. Eliza gehörte den Onondaga an, eine der sechs Nationen der Konföderation der Irokesen (Haudenosaunee) – die anderen waren die Stämme der Cayuga, Mohawk, Oncida, Seneca und der Tuscarora. Auch wenn die Konföderation der Irokesen historisch gesehen als Bund gesehen wird, behielt jede Gruppe ihre eigenen Merkmale und ihre Autonomie und es kam bisweilen auch zu heftigen Konflikten. Davon erzählte auch Eliza Pierce, die sich öfter über Einmischungen von außen in die Angelegenheiten der Onondaga beklagte, wie auch über die Verbreitung von Alkohol innerhalb ihres Stammes. Die Schuld daran hatten ihrer Meinung nach die, die mit Alkohol handelten, darunter vor allem der Stamm der Cayuga, und selbst der Rat der Häuptlinge war nicht imstande, etwas dagegen zu unternehmen. Daher galt es, die Kämpfe der WCTU zu unterstützen. Eliza war sicherlich immer wieder mit der Organisation in Kontakt gekommen, wenn man bedenkt, wie stark der Staat von New York deren Aktivitäten unterstützte und wie intensiv die Abstinenzbewegung seit 1880 ihr Programm in den Lehrplänen aller Schulen der Vereinigten Staaten (darunter auch den Schulen der Indianer) verankerte. Ziel war es, die physiologische Zerstörungskraft des Alkohols anzuprangern und unter den Bürgern die totale Enthaltsamkeit zu verbreiten. Das untermauerte man mit wissenschaftlichen Erkenntnissen, die auf einem System aus Erfahrung und medizinischem, anthropologischem und phrenologischem Wissen fußten. Eliza, die Vereinigung und die Schule erreichten ihr Ziel nicht, der Alkohol floss weiterhin in Strömen in den Stämmen der Haudenosaunee wie auch anderswo. Die WCTU beendete ihre Aktivitäten bei den Irokesen 1921, zwei Jahre nachdem der Volstead Act in Kraft getreten war. Im August 2017 schloss sich die WCTU der Frances Willard Historical Association an, um das Center for Women's History and Leadership ins Leben zu rufen. Frances Willard (1839–1898) war die zweite Präsidentin der WTCU, von 1871 bis zu ihrem Tod. Mit ihrer Energie und ihrem Einsatz hatte sie enorm dazu beigetragen, dass die WTCU eine zentrale Rolle in der politischen und sozialen Debatte ihrer Zeit spielte.

Betrunkene ohne Alkohol

In den Augen der europäischen Missionare waren es nicht nur alkoholische Getränke, die zu bewusstseinsverändernden Zuständen führten, sondern auch aufputschende Getränke wie Schokolade. In der religiösen Kultur der Azteken galt Schokolade als heiliges Getränk, das man den Göttern bei festlich-rituellen Anlässen darreichte. Das wussten die jungen Mädchen, die dazu bestimmt waren, in religiösen Einrichtungen zu leben. Dort legte man ihnen die Zubereitung des Tranks aus der Kakaobohne besonders ans Herz, der bei den Begräbnisritualen dem Gedächtnis an die Verstorbenen dargeboten wurde. Solche Bräuche konnten die Missionare nicht schweigend hinnehmen, auch weil der Schokoladentrunk als Aphrodisiakum galt, wieder einmal ein Beweis für die Verbindung zwischen berauschenden Substanzen (oder was dafür gehalten wurde) und Sexualität. Dieser Ruf ging zurück auf den spanischen Chronisten Bernal Díaz del Castillo (1492–1584), der sich bei der Beschreibung der sexuellen Vorlieben Montezumas (ca. 1466–1520) zu gewissen Übertreibungen hatte hinreißen lassen, als er darauf hinwies, dass Montezumas erstaunliche Potenz von der regelmäßigen Einnahme riesiger Mengen an Schokolade herrühre. Diese Überzeugung fand auch in Europa viele Freunde, wie aus einem Druck des Französischen Malers Robert Bonnart (1652–1733) vom Ende des 17. Jahrhunderts ersichtlich wird. Auf dem Bild sieht man einen Kavalier und eine Dame beim Genuss einer Tasse Kakao, wobei ihre verführerischen Blicke, der Symbolgehalt des Werks und der Vierzeiler, der es begleitet, kaum Erklärungen bedürfen:

> Un Cavalier, Et une Dame bevvant du Chocolat
> Ce jeune Cavalier, et cette belle Dame
> Se regalent de Chocolat;
> Mais l'on voit dans leurs yeux une si vive flame
> Qu'on croit qu'il leur faudroit un mets plus delicat.

Unabhängig von ihren möglichen Eigenschaften als Aphrodisiakum wurde Schokolade aufgrund ihrer Beschaffenheit zu einem Thema in den theologischen und kanonischen Debatten zwischen dem 16. und 18. Jahrhundert. War sie ein Getränk, das das von der Kirche vorgeschriebene Fasten nicht unterbrach, oder hingegen eine feste Nahrung, die mit den Regeln der Kirche nicht vereinbar war? Es mag seltsam klingen, aber diese Debatte zog sich über Jahrhunderte hin. 1569, so die erfundene Überlieferung (die sich wohl ein Schokoladenliebhaber ausgedacht hatte), soll Papst Pius V. (1504–1572) sie probiert haben, er fand sie abstoßend und entschied, dass man sie auch während der Fastenzeit zu sich nehmen durfte. Seither haben sich zahlreiche Theologen und Kanoniker mit dem Thema beschäftigt, darunter die beiden schon erwähnten Juan de Cárdenas und Antonio León Pinelo, beide entschlossene Gegner des Getränks (oder was man darunter verstand), während Tomás Hurtado (1570–1649) zu den Fürsprechern gehörte. Sogar ein Kardinal äußerte sich dazu, Francesco Maria Brancaccio (1592–1675), der 1654 ein Pamphlet mit dem Titel *De Chocolatis Potus Diatribe* (Abhandlung über den Schokoladentrank) veröffentlichte und darin festhielt: Als Getränk war die Schokolade flüssig so wie Wasser oder Wein und konnte deshalb unbedenklich an Tagen, an denen die Kirche das Fasten vorschrieb, eingenommen werden. Der italienische Verfasser von Streitschriften Daniello Concina (1687–1756) versuchte das Thema auf den Punkt zu bringen. Er behandelte Schokolade mit großer Strenge und verurteilte alle, die sie im Übermaß zu sich nahmen, und nicht in der Lage seien, ihren Appetit zu zügeln und ihre Gelüste zu kontrollieren: Eine Tasse dieses köstlichen Tranks könnte sie das Himmelreich kosten. Concina und all diejenigen, die vor ihm das Thema behandelt hatten, mussten sich damit abfinden, dass die meisten Christenmenschen sich in Wirklichkeit weiterhin so verhielten, wie es ihnen gefiel, das heißt, sie schlürften auch freitags oder während der Fastenzeit in großen Mengen in Wasser aufgelösten Kakao.

Zum Thema besondere Erregungszustände beschäftigte ein weiteres, weniger bekanntes, aber genauso problematisches Getränk die Diskussionen der Missionare: der Mate-Tee. Die erste Begegnung der Europäer mit diesem Kräuteraufguss, typisch für den südlichsten Teil von Spanisch-Amerika, geht auf das Jahr 1554 zurück, als die Mitglieder der Expedition unter Leitung des baskischen Konquistadors Domingo Martínez de Irala (ca. 1509–ca. 1556) den Ureinwohnern des Tupi-Guaraní-Stammes begegneten und über ihren friedlichen Charakter, ihre gute Gesundheit und ihre Heiterkeit staunten. Auf der Suche nach einer Erklärung für solch eine positive Einstellung, waren sie sich sicher, dass es etwas sein musste, das die Ureinwohner täglich zu sich nahmen. Das war der Pflanzenaufguss Mate, von den Einheimischen schlicht *caa* genannt, „Kraut" in ihrer Sprache. Die Guaraní erklärten, dass der Mate-Tee ihre Arbeitsfähigkeit erhöhte, sie konnten damit ihren Hunger stillen, wenn sie nichts zu essen hatten, er reinigte den Magen, hielt ihre Sinne wach und ließ keine Schläfrigkeit aufkommen. Ähnliches hatten die spanischen Soldaten beobachtet, die von der Ausdauer und Durchhaltekraft der Inka überrascht waren, die die Blätter des Coca-strauches kauten.

Der jesuitische Missionar Diego de Torres Bollo (1550–1638) versuchte, Mate-Tee zu verbieten, denn in der Art seines Konsums sah er genau das, was er angesichts der erfolglosen Versuche seiner Mitbrüder in Peru im Kampf gegen den Alkoholmissbrauch am meisten fürchtete: den Exzess. Dazu muss man sagen, dass diese Sicht nicht der in Paraguay tätigen Jesuiten entsprach, vielmehr befürworteten einige den Anbau von *Ilex paraquariensis* in den entstehenden Jesuitenreduktionen. Die Blätter dieses Baums verwendete man für den Aufguss. Torres Bollo bekümmerte noch etwas anderes, was die Ausübung der Religion betraf. Denn, so schrieb er, die Ureinwohner gaben in der Beichte zu, sie könnten nicht an den Messen teilnehmen, da die harntreibende Eigenschaft des Mate-Tees sie immer wieder zwang, die Kirche zu verlassen. Dieses Raus- und Reinlaufen war eines heiligen Ortes nicht würdig, da sei es besser, zu Hause zu bleiben. Trotz der anfänglichen Ablehnung des Mate förderten die Missionare seine wirtschaftliche Nutzung und ließen es zu, dass sich sein Konsum als wesentlicher Bestandteil des Alltagslebens der Guaraní in den Jesuitendörfern etablierte. Pater José de Arce (1651–1715) ging sogar so weit zu vermuten, dass der üppige Konsum von Mate-Tee die indigene Bevölkerung davor bewahrte, nicht der – ihnen angeborenen – Trunksucht zu verfallen, weshalb er die Intensivierung des Anbaus des Ilex-Baums empfahl, um das Trinken von Mate als Gegenmittel zu Alkoholika noch weiter zu verbreiten.

Unter vielen indigenen Stämmen im nördlichen Amerika, vor allem im Südosten, gab es den Brauch, einen „schwarzen Trank" zuzubereiten, einen Aufguss aus den Blättern des Stechpalmengewächses *Ilex vomitoria*, von den Indigenen auch *Yaupan holly* genannt und mit dem Mate-Baum verwandt. Vor allem der Stamm der Creek, die den Flusstälern von Tennessee, Georgia und Alabama lebten, benutzte den „schwarzen Trank" zur Heilung, aber auch zu rituellen Anlässen, vor allem bei Riten, die die Beziehungen innerhalb des Stammes wie auch zwischen Nachbarstämmen aufbauen beziehungsweise stärken sollten. Zusammen mit Tabak gehörte das Getränk zur Willkommensgeste gegenüber wichtigen Personen. Das ist aber nicht alles. Die weißen Männer, die über den *black drink* schrieben, interessierten sich vor allem für seine Heilkräfte und für seine religiöse Verwendung. Doch trank man den „schwarzen Trank" auch im Alltag, vor allem unter Männern. Bei der Erwähnung des *Ilex vomitoria* sollte noch einmal daran erinnert werden, wie einseitig und voreingenommen die Quellen sind, aus denen wir einen Großteil unseres Wissens beziehen. Bei dem Kraut, das man *vomitoria* nannte, spielte die Funktion als Brechmittel (lat. vomere = erbrechen) eine sehr untergeordnete Rolle, doch wer ihr die lateinische Bezeichnung gegeben hatte, wollte diese Funktion betonen, um eine bestimmte Art des Konsums hervorzuheben (nur gelegentlich, wenn auch verbreitet) und eine andere Art (den täglichen) in den Schatten zu stellen. So ist es auch dem Mate-Tee ergangen, für den die Spanier ein Wort aus der Quechua-Sprache wählten, das Kürbis bedeutet, der in der Regel als Behältnis für den Aufguss verwendet wurde. Die Quechua-Kultur hatte kaum einen Bezug zur Bezeichnung *Ilex paraquariensis*, doch die Konquistadoren hatten keine Zeit für Haarspalterei und bedienten sich eines Idioms, das Tausende von Kilometern entfernt gesprochen wurde. Das war das typische Vorgehen derer, die den Neuen Kontinent „Indien" nannten und die übersetzen mussten, um zu verstehen: „Bier" oder „Wein" für Pulque und Chicha. In ihrer eigenen Sprache nannten sie ihn hingegen „Yerba de Paraguay", das Kraut Paraguays.

V Orte des Trinkens

Wirtshäuser in Spanisch-Amerika

Der Franziskanermönch Bernardino de Cárdenas (1579?–1668) und spätere Bischof von Asunción und Santa Cruz della Sierra war eine zeitlang auch Gouverneur *ad interim* von Paraguay. Doch vor dieser politischen Karriere war er als Missionar in verschiedenen Gebieten Perus unterwegs und zeichnete sich dabei als ein aufmerksamer Beobachter des Lebens in den Dörfern aus. Das belegt seine Chronik *Memorial y Relacion verdadera para el Rey N.S. y su Real Consejo de las Indias, de Cosas del Reino del Peru* (1634) über die Verhältnisse in Peru. In seiner Aufzeichnung befasste er sich kritisch mit den Orten, an denen Alkohol konsumiert wurde. Nach Ansicht des Franziskaners lag das eigentliche Problem am Monopol der spanischen Beamten und ihrer Handlanger, mit Wein und Chicha zu handeln und entsprechend exorbitante Preise zu verlangen. Damit war die indigene Bevölkerung gezwungen, fast ihr gesamtes Geld dafür auszugeben, um sich mehr schlecht als recht betrinken zu können. Noch gefährlicher für die öffentliche Moral war es, dass die (spanischen) Besitzer der Dorflokale schnell begonnen hatten, junge, besonders attraktive Frauen einzustellen, um die Bauern an den Festtagen herbeizulocken. Von den Reizen der Kellnerinnen in Bann geschlagen, vergeudeten die armen Dorfbewohner ihre Tage mit Trinken und Anhimmeln. Cárdenas beschrieb reale Zustände. In den indigenen Kulturen, im Norden wie im Süden des amerikanischen Kontinents, hatte es keine Wirtshäuser gegeben. Ausnahmen waren die *tambos*, eine Art Raststätte, die die Inka eingerichtet hatten, um Reisenden durchs Reich Unterkunft und Verpflegung zu sichern, aber bestimmt nicht, um die Trunkenheit zu fördern. Eher Hotels als Kneipen, wenn wir einen Vergleich aus heutiger Zeit bemühen wollen.

Es waren vor allem die spanischen Eroberer in Mexiko, die das europäische Konzept der Gaststätten einführten. Sie eröffneten sehr schnell einige *pulquerías* (die ersten spanischen Dokumente schreiben den Begriff falsch und machen *pulperia* daraus) nach dem Modell der Kneipe aus dem Heimatland, was der Verbreitung des Brauchs, oder eines Lasters nach Ansicht der Missionare, sich auch außerhalb besonderer ritueller Anlässe zum Trinken zu treffen, Vorschub leistete. Wir wissen, dass im mittelalterlichen Spanien *tabernas* verbreitet waren, Schänken, in denen man zusammenkam, nur um zu trinken (jedoch ohne zu essen), zu singen und zu tanzen. Sehr schnell gerieten diese Vergnügungslokale in den Ruf, gefährlich zu sein, und dennoch wurden sie zu einer erklecklichen Verdienstquelle. Mehr als einem Siedler sicherten sie ein gutes Auskommen, womit sie eine nicht unerhebliche Rolle in der wirtschaftlichen Entwicklung des amerikanischen Kontinents spielten. Die Existenz solcher Lokale war vor der Ankunft von Cortés und seinen Leuten undenkbar. Die spanische Gesetzgebung für die Neue Welt versuchte auch die zweite von Cárdenas

http://doi.org/10.1515/9783110674972-006

genannte Problematik gesetzlich zu reglementieren, die der allzu großen Promiskuität zwischen den Geschlechtern. Weitere Aspekte des Soziallebens kamen hinzu, und all das machte aus den *pulquerías* potenziell gefährliche Orte. So verbot die *Recopilación de Indias*, die Sammlung von Vorschriften aus dem Jahr 1672, die Ordnung in das Sammelsurium der seit den Anfängen der Conquista erlassenen Dekrete bringen sollte: Annäherungsversuche im Inneren der Kneipen, den Verzehr von Speisen, die Möglichkeit sich hinzusetzen, sich zu lange dort aufzuhalten oder sich in zu großen Gruppen einzufinden, Gitarre, Harfe oder andere Instrumente zu spielen, Musik überhaupt und auch Tanzen. Aber es war nicht leicht, Zusammenkünfte und Promiskuität an Orten zu kontrollieren, die nichts anderes als offene Räume waren, ohne Trennwände, oder vielleicht nur eine Überdachung. Ein Augenzeuge der fatalen Folgen der Trunkenheit war José de Acosta: Er sah zwei Männer ein Lokal verlassen, die sich um eine lächerlich geringe Summe Geld stritten, dabei völlig außer sich gerieten und sich mit Schwertschlägen derart zurichteten, dass sie tot zu Boden fielen. In unmissverständlichen Worten gab der spanische Jesuit seinen eigenen Landsleuten die Schuld, in erster Linie den Verantwortlichen im Dienst der Regierung. Vielen von ihnen war es nicht nur egal, dass die Verbote in Sachen Herstellung und Konsum von Alkohol nicht eingehalten wurden, schrieb er, vielmehr waren sie es oft selbst, die für die Herstellung der Getränke sorgten und sie zu hohen Preisen an die indigene Bevölkerung verkauften. Selbst die, die sich als gottesfürchtig und fromm darstellten, konnten der Aussicht auf schnelles, leicht verdientes Geld nicht widerstehen. Erfreut über ihre Gewinne und ohne jede Scham organisierten sie bei sich zu Hause regelrechte Produktions- und Verkaufsstätten für alkoholische Getränke. Ohne Respekt für die Heiligkeit des Ortes, aber mit regem Geschäftssinn bauten sie Verkaufsstände für alkoholische Getränken gleich neben den Kirchen auf, das garantierte Sichtbarkeit und Kundschaft. Auch heute ist die Geschäftslage nahe einer Kirche ideal und erfolgversprechend, was mir ein guter Freund aus der Branche versicherte: Auf einen Espresso nach der Messe möchte kaum einer verzichten.

   Die Einrichtung von Gebieten für den öffentlichen Konsum fermentierter Getränke hatte im Vizekönigreich Peru auch eine disziplinierende Aufgabe. Der Vizekönig Francisco de Toledo war ein überzeugter Verfechter des Systems der Jesuitenreduktionen. Dort sollten sich die Einheimischen durch Arbeit, Erziehung zur Rechtschaffenheit, Erlernen der katholischen Glaubenslehre und die Kontrolle der öffentlichen Feste die europäische Lebensweise aneignen und somit ein angemessenes Niveau von „Zivilisiertheit" erlangen. Das Ganze hatte sich natürlich unter der vorbildlichen Führung durch die Kolonialbehörden abzuspielen. Nach Ansicht von Toledo sollte das Wirtshaus dazu beitragen, die Einheimischen die enge Bindung zwischen Trinkgewohnheiten und ihrer ursprünglichen Religion vergessen lassen und das Trinken damit aus seinem vormals rituellen Kontext herauslösen. Die öffentliche Trunkenheit wäre auf diese Weise hinter vier – oft schmutzige Mauern – verbannt worden, so wie auch schon die private, die man als nicht so schlimm empfand, wie José de Acosta schrieb. Denn nach Ansicht des Jesuiten konnte man ein Auge zudrücken, wenn sich jemand zu Hause betrank – ein Problem, das man nicht allzu ernst nehmen musste. Ganz anderer Ansicht war der Jesuit im Hinblick auf das Trinken im rituellen Kontext. Das galt es ins Visier zu nehmen und unerbittlich zu bekämpfen („ein tödlicher Kampf"). Somit ließ Toledo im Einvernehmen mit Acosta Lokale errichten und außerhalb dieser den öffentlichen Verkauf von Chicha verbieten. Die indigene Bevölkerung in Lokale zusammenzubringen, die man überwachen konnte, hieß auch, sie von ihren eigenen Glaubenstraditionen zu entfernen und diesen immer mehr eine eher säkulare als religiöse Rolle zuzuweisen. Das Vorhaben hatte aber keinen Erfolg. Bei Cárdenas lesen wir, dass sehr schnell überall Lokale ohne Lizenzen entstanden, in denen Alkohol verkauft wurde und die der Kontrolle der spanischen Behörden entgingen. Viele Privatbehausungen wurden zu Chicha-Ausschänken an die Einheimischen, vor allem in stark bevölkerten Städten wie Lima und Potosí. Vizekönig Toledo wusste von dieser Situation und versuchte, sie mit neuen Verordnungen einzudämmen, doch ohne Erfolg. Das, was die illegalen Alkoholhändler ermutigte, war der mühelose Gewinn. Im Gegensatz zu den Gold- und Silberminen, mit deren Betreiben in Westindien große Reichtümer verdient werden konnten, brauchte man für den Handel mit alkoholischen Getränken nur wenig Startkapital und die Unternehmensrisiken waren minimal. Viele setzten auf dieses Geschäft: Spanier, Mestizen und Mulatten. Toledos Vorhaben kehrte sich ins genaue Gegenteil um. Aus Orten des kontrollierten und geordneten Konsums wurden stattdessen Grauzonen: Lokale, die Männer und Frauen aufsuchten, die sich nicht um die gesetzlichen Vorschriften scherten, um Chicha unkontrolliert herzustellen und zu trinken; Lokale, in denen man sich Exzessen hingab, und zwar nicht nur dem Trinken, das man als öffentliches Ärgernis eigentlich bekämpfen wollte, sondern auch der Prostitution. Von dem Lokal, das man sich als Ort er Enthaltsamkeit und der Moderation vorgestellt hatte, zum Bordell war der Schritt denkbar klein.

Wirtshäuser in Europa

Die Ausschweifungen, zu denen es an diesen Orten des öffentlichen Trinkens kam, besorgten die europäischen Herrscher des 16. Jahrhunderts. Kaiser Karl V. entschloss sich etwas zu unternehmen, nachdem er erfahren hatte, für wie viele Tote und Verletzte die Wirtschaften seiner Herrschaftsgebiete verantwortlich waren. Am 7. Oktober 1531 veröffentlichte er eine detaillierte Verordnung zu dem, was wir öffentliche Gesundheit nennen. Artikel 27 setzte fest, dass Feste und Märkte in einer bestimmten Lokalität auf einen einzigen Tag gelegt werden sollten, um gegen die Trunkenheit und die Ausschweifungen in den Wirtshäusern in den Dörfern und auf dem Land vorzugehen. Wer das nicht einhielt, musste ein Bußgeld zahlen. Außerdem sah Artikel 32 vor, dass bei Tötungsdelikten Trunkenheit nicht mehr wie bisher als mildernder Umstand geltend gemacht werden konnte, sondern ganz im Gegenteil, nun wertete man sie als erschwerend. Als Vorschrift von allerhöchster Stelle war das kein schwaches Echo auf die Debatte, die wir im vorherigen Kapitel angesprochen haben. Dass man keinen dieser beiden Artikel wirkungsvoll umsetzte, sieht man daran, dass sie im Lauf der Zeit (und wir sprechen hier von einem Jahrhundert) immer wieder angemahnt werden mussten – in Kommentaren der Juristen und den Urteilssprüchen der Richter. In der Geschichte der europäischen Neuzeit gab es immer wieder Versuche das öffentliche Trinken mit Vorschriften wie denen Kaiser Karls V. in Schranken zu halten. Nehmen wir den Fall des Fürstentums Trient Mitte des 18. Jahrhunderts, wo man den Wirten immer wieder anordnete, ihre Lokale an religiösen Feiertagen zu schließen. Es handelt sich um einen Fall unlauterer Konkurrenz seitens derer, die die Menschen mit keineswegs geheiligtem Wein von den Kirchen forthielten. Einige dieser Wirte bestrafte man mit gesalzenen Bußgeldern, aber oft waren die Wirtschaften beliebte Zufluchtsorte für Flüchtige und Schmuggler. Wollte man ihrer habhaft werden, halfen dabei nicht selten die Aussagen von Wirten und Gästen, und besonders berüchtigte Tavernen waren verpflichtet, die Steckbriefe an ihren Wänden auszuhängen.

Trotz seiner Toleranz gegenüber der Trunkenheit prangerte auch Luther diejenigen an, die betrunken in Wirtshäusern randalierten und damit sowohl den göttlichen Geboten wie den Anordnungen des sächsischen Kurfürsten zuwider handelten, und außerdem den Fremden auf Deutschlandreise ein negatives Bild vermittelte. Denn man weiß ja, dass sich Reisende gern Läden anschauen und Lokale aufsuchen. Und wie wir gesehen haben, eilte den Deutschen ein nicht gerade positiver Ruf voraus, den die Randale der Betrunkenen nur noch bestärkte. Dort, wo weder göttliche noch fürstliche Strafen Wirkung zeigten, sollten laut Luther die lokalen Justizbehörden eingreifen. Kurz gesagt, dort, wo die Freiheit des Einzelnen mit den öffentlichen Interessen in Konflikt geriet, übte auch der Reformator scharfe Kritik an dem ärgerlichen Benehmen, das die Trunkenheit verursachte. Gerade im Deutschland des 16. Jahrhunderts waren wenig erbauliche Sitten verbreitet, wie die, bei der sich die Trinkkumpanen gegenseitig zu einem regelrechten Krieg anstachelten, bei dem alle aufeinander losgingen, bewaffnet mit Krügen, als wären sie Bomben und dem Besteck als Waffen. Diese kollektiven Raufereien, liefen nach einem bestimmten Mustern ab, waren von kolossalen Saufereien begleitet und waren erst dann vorbei, wenn alle zu Boden gegangen waren – bis auf den letzten standhaften, den man dafür sogar auszeichnete. Die Zeichnungen unseres Helden Tex Willer führen uns eine dieser kolossalen Prügeleien vor Augen, aus denen die Guten (oder der Gute) aufrechten Gangs hervorgehen und den Streit mit einer fröhlichen Trinkrunde zusammen mit ihren Mitstreitern beenden, während die bewusstlosen Bösen (oder der Böse) ohne viel Federlesen aus dem Saloon geworfen werden. Manchen Zuschauer mag das schockieren, etwa den mickrigen Journalisten, „einen Schreiberling aus dem Osten", der mit den Sitten des Wilden Westens nicht vertraut ist. Oder den feingeistigen Theologen aus dem Süden, dem die rauen Sitten in Germanien fremd sind. Hauptsache, man lernt dazu.

Besonders zu Beginn der Neuzeit waren Wirtshäuser in den Niederlanden verbreitet. Im Jahr 1613 zählte man 518 Lokale, die eine Zulassung für den Handel mit alkoholischen Getränken hatten, ein Lokal auf 200 Einwohner (Männer, Frauen, und Kinder). Ein Prozentsatz, den das Dorf in dem ich geboren wurde, in meiner Kindheit weit überschritt, und weit entfernt von den Spitzen, die in Salisbury in North Carolina erreicht wurden. Das Dorf zählte im Jahr 1755 sieben oder acht Häuser, von denen vier Kneipen oder Wirtschaften waren. In den Niederlanden handelte es sich um Lokale mit einem gewissen sozialen Ansehen, denn das gemeinschaftliche Trinken diente auch dazu, kommerzielle, politische oder religiöse Verträge und Vereinbarungen abzuschließen. Nicht einmal die strenge calvinistische Moral schaffte es, die lokalen Bräuche zu beeinflussen – aber vielleicht wollte sie das auch gar nicht. Natürlich hieß man den Missbrauch nicht gut, und manch einer hielt den Alkohol gar für Teufelswerk, aber man übertrieb es nicht. Ein geselliger Umtrunk war längst Teil der nationalen Lebensart. Ihre Trinkgewohnheiten führten die Holländer auch jenseits des Atlantik ein. In der Tat gab es nie eine gesetzliche Beschränkung für die Anzahl der Wirtshäuser in New Amsterdam. Genauso wie der private Verkauf von fermentierten und destillierten Getränken geduldet wurde, ganz anders als man es in den britischen Kolonialstädten hielt. Nicht von ungefähr beklagte ein Prediger in einem Brief, den er 1640 aus dem neuen ins alte Amsterdam schickte, dass es in einer Dorfgemeinschaft von 170 Seelen weitaus mehr Wirtschaften als Kirchen gab.

Im vorindustriellen England waren Pubs die meist verbreiteten öffentlichen Lokale. Dabei gab es große Unterschiede, je nachdem, ob ihre Kunden den oberen oder den unteren gesellschaftlichen Schichten angehörten. In den Gasthäusern für die gehobenen Klassen trank man in einem eleganten Ambiente, man saß geordnet an Tischen und gab sich gepflegter Konversation hin, ein ideales Setting und weit von dem entfernt, wie es in den Kneipen für die unteren Klassen zuging. Gerade ab Mitte des 17. Jahrhunderts sind die Quellen voll von Berichten über Ausschweifungen und sexuelle Freizügigkeit. Die Behörden unternahmen immer wieder Versuche, dieses Treiben zu unterbinden, nur können wir anhand der Häufigkeit der Vorstöße ahnen, wie wirkungslos diese Versuche bis auf vereinzelte kurzlebige Ausnahmen blieben.

Ein besonders treffendes Fallbeispiel für die Bedeutung der Wirtschaften im Hinblick auf die wirtschaftliche Entwicklung einiger europäischer Städte ist die spanische Stadt Cádiz, die fast das ganze 18. Jahrhundert hindurch ein zentraler Verkehrsknotenpunkt für den Handel über den Atlantik war. Nachdem Cádiz 1596 beim Angriff der anglo-niederländischen Flotte zerstört worden war, musste die Festungsmauer der Stadt wiederaufgebaut werden, aber diesmal sollte sie uneinnehmbar sein, was besonders große Ausgaben erforderlich machte. Die Finanzen der Krone reichten nicht aus, um das Projekt subventionieren zu können, weshalb man mit Beginn des 17. Jahrhunderts auf alltägliche Konsumgüter Steuern erhob, in erster Linie auf Wein. Tatsächlich waren die Einwohner von Cadiz große Weinkonsumenten, aber die sehr hohen Gewinne, die der Weinhandel abwarf, rührten auch von seinem Export in die Kolonien jenseits des Atlantik. Die steuerlichen Einnahmen reichten jedoch nicht aus. Eine königliche Bescheinigung vom 14. Juli 1693 erlaubte es der Stadtverwaltung schließlich neue Abgaben auf Wein, Bier, Öl und Essig zu erheben. Über die Besteuerung dieser Produkte, zusammen mit hochprozentigen Spirituosen, finanzierte man die neue Stadtbefestigung. Diese Abgabenpolitik traf nicht nur alkoholische Getränke, die in die Stadt geliefert wurden, sondern auch die, die in den Tavernen über die Theke gingen. Die Maßnahme führte schnell zum Protest von Wirten und Konsumenten. Nach vielen Jahren der Klagen erhielten die Wirte von den Behörden die Erlaubnis, ihre Preise erhöhen zu dürfen, was wiederum den Unmut der Konsumenten hervorrief. Die Versuche, die Probleme, etwa durch eine Begrenzung der Anzahl der Lokale oder ein Monopol auf den Einzelhandel mit Wein zu lösen, führten zu nichts, denn man schaffte es nicht, die Anordnungen in die Tat umzusetzen, was am vorhersehbaren Widerstand der Händler scheiterte. Und derweil wuchs die Stadtmauer.

Wirtshäuser in Britisch-Amerika

Bevor wir uns auf die komplexe Welt der amerikanischen Saloons einlassen, sollte vorweg geklärt werden, dass die englischen Siedler den Lokalen, die – unter anderem – zum Trinken von Alkohol bestimmt waren, verschiedene Bezeichnungen gaben, dass es sich dabei aber immer um dieselbe Art Lokal handelte. *Saloon, tavern, inn, bar* oder *pub* können im Wissen um den Reichtum und die Vielseitigkeit des Vokabulars in der Neuzeit als Synonyme betrachtet werden.

Eine der Befürchtungen der politischen und sozialen Eliten der eben erst ins Leben gerufenen Vereinigten Staaten von Amerika war, dass sich die Wirtshäuser als Brutherde von Aufruhr und Widerstand entpuppen könnten. Das war nichts Neues unter der Sonne. Der Versuch, den Zugang, den Ausschank und das Benehmen in den Schenken zu reglementieren, scheiterte – diesseits wie jenseits des Atlantik – an einem Dilemma. Zum einen wollte man jede Randale, zu der Versammlungen und Besäufnisse führen konnten, verhindern, zum anderen aber wollte man verdienen, und das hieß Umsatz machen. Die Wirtshäuser in den östlichen Staaten der amerikanischen Kolonien entstanden mit dem klaren Ziel, allen Unterkunft und Unterhaltung zu bieten, gemeint waren damit vornehmlich Fremde und deren Pferde, weniger Indianer und Sklaven. Die Gesetze waren von Ort zu Ort verschieden, allerdings lässt sich ein roter Faden ausmachen. In Boston war es bis Ende des 17. Jahrhunderts unter Androhung einer gesalzenen Geldstrafe oder drei Monaten Gefängnis verboten, Indianern, Schwarzen oder Mulatten jede Art von Alkoholika zu verkaufen, außerdem drohte der Verlust der Lizenz. 1683 befand die Ratsversammlung in Maryland, dass der Missbrauch von Alkohol Indianer „betrunken und irre" mache, und sie verabschiedete entsprechende Gesetze, denen in den nächsten Jahren die Gesetzgeber von Virginia, South und North Carolina, Rhode Island und Pennsylvania folgten. Dass diese Vorschriften immer wieder neu erlassen wurden, legt offen, wie wenig sie angewandt wurden. Wenn etwas dauernd betont werden muss, heisst das, dass diejenigen, für die diese Gesetzte bestimmt sind, sich nicht an sie halten, und ihr Gedächtnis immer wieder aufgefrischt werden muss, wie im schon erwähnten Fall der Gesetze Karls V. Ein Verweis auf diese Verbote als Teil der Western-Kultur findet sich in der Anfangsszene des Films *Hombre* (1967), in der zwei Raufbolde auf einen Apachen losgehen, der dabei ist, seinen Mescal zu trinken. In dem kurzen Monolog geht es darum, dass es dem Wirt verboten ist, Alkohol an die Apachen zu verkaufen und dass diese keinen trinken dürfen. Die beiden Typen schlagen zu, als der Gast sein Glas hebt. Und dieser steckt ein, ohne etwas zu sagen. Die beiden lachen. Sie wissen nicht, dass sich im Saloon ein Freund des Apachen befindet, John Russell (Paul Newman), ein Weißer, der von den Apachen adoptiert worden war. Er lebt mit den Indianern und verabscheut Kultur und Verhalten der Kolonisatoren zutiefst. Ohne viele Worte greift Russell einen der beiden Wichtigtuer an und das Glas, aus dem dieser gerade triumphierend schlürft, geht zu Bruch. Russell schmeißt beide aus dem Lokal. Natürlich wurde in Saloons Alkohol an Indianer verkauft, das machte aber nicht den Löwenanteil der Gewinne aus dem Alkoholgeschäft aus. Der kam aus dem Schmuggel, durch skrupellose Händler, genau die Leute, die Tex Willer – wie eingangs erwähnt – am meisten verachtete. Und durch den Handel unter der Hand, anonym, über Mittelsmänner, so wie der, der dem alten Geronimo seinen letzten Whiskey beschert hatte.

Eine persönliche, besonders aufschlussreiche Darstellung der Trinkgewohnheiten der indigenen Bevölkerung Nordamerikas, der sogenannten „Rothäute", finden wir im Tagebuch von Jasper Danckaerts (1639–1701), dem Gründer einer religiösen Kolonie am Fluss Bohemia (im heutigen Maryland). Zwischen 1679 und 1680 bereiste er das in Frage kommende Territorium auf der Suche nach einem geeigneten Platz für die Ansiedlung seiner Gemeinschaft von Jean de Labadie (1610–1674) anhängenden Pietisten, die aus Holland in die Neue Welt auswandern wollten. Auf seinen Erkundungen begegnete Danckaerts immer wieder alkoholabhängigen Indianern, deren Trunksucht ihn traurig stimme, auch weil sein Glaube jeden Alkoholkonsum verbot. Er versuchte zu verstehen, wie es dazu kam und notierte in seinem Tagebuch die Aussage eines Indianers. Dieser berichtete, wie leicht es sei, durch die Händler im Gebiet von Long Island an Alkohol zu kommen, und fügte hinzu, dass er sehr wohl wisse, wie fatal das Trinken sei, dennoch könne er nicht damit aufhören, denn sein Herz drängte zu sehr danach. Die Händler kannten die Schwäche der Ureinwohner für Alkohol nur zu gut. Ein Händler namens John Ledder ging so weit, in einem 1669 veröffentlichten Pamphlet zu schreiben, dass es manchmal möglich war, die Indianer dazu zu verleiten, für Brandy und andere hochprozentige Spirituosen bis zu zehn Mal mehr als deren tatsächlichen Wert zu bezahlen.

Um verkaufen zu können, musste man produzieren. Und die Siedler hielten sich daran, wie ein beispielhafter Fall aus Neuengland zeigt, wo man anfänglich meist Bier trank, dann aber bald auf Hochprozentiges umstieg. Die erste Rumdestillerie eröffnete 1667, hundert Jahre später waren es bereits 159. Damit diese arbeiten konnten, importierte man aus der Karibik sechs Millionen Gallonen Zuckerrohrmelasse (umgerechnet sind das 227.124.070,7 Liter); bald war sehr viel mehr von dieser aus Zuckerrohr destillierten Spirituose in Umlauf als Bier. Ende des 18. Jahrhunderts hatte die Rumherstellung alle anderen Industriezweige in Neuengland überholt. Die Nachfrage kannte keine Krise und das Angebot passte sich problemlos an. Der Erfolg starker Getränke ist natürlich nicht nur auf die Vereinigten Staaten begrenzt. Denken wir an den Zuckerrohrschnaps Cachaça, nicht ohne Grund zum „festen Bestandteil der brasilianischen Kultur und der nationalen Identität" erklärt. Heute steht Cachaça an dritter Stelle der weltweit meist produzierten Destillate, nach Wodka und dem koreanischen Reisschnaps Soju. Es handelt sich eindeutig um ein koloniales Erzeugnis, denn Zuckerrohr wurde 1530 nach Brasilien importiert und die ersten konkreten Hinweise auf Brennereien findet sich in Testamentsurkunden aus dem Jahr 1611, die im Staatsarchiv von São Paulo aufbewahrt werden. Die Abnehmer dieses „Weins aus Zuckerrohr" (zunächst nannte man ihn *garapa*) fanden sich anfänglich in den untersten sozialen Schichten, vor allem unter den afrikanischen Sklaven, den Mestizen und Mulatten: Alkohol, zumindest von ungewisser Qualität, war billig zu haben.

Außer Menschen und Pferde aufzunehmen und sie mit Essen und Trinken zu versorgen (unterschiedliche Menüs, versteht sich), konnte man in den Wirtshäusern der englischen Kolonien auch noch anderes finden, von Prostitution, über Glücksspiel, Billard, bis hin zu Tanz und Varieté. Auch waren es Orte, an denen man Informationen austauschte, Geschäfte abschloss, an denen man Zeitung lesen und mit Secondhand-Waren handeln konnte, aber auch mit Menschen – Dienern und Sklaven. Schiffskapitäne nutzten sie, um Besatzungen anzuheuern. Der schwedische Schriftsteller Björn Larsson rekonstruiert in seinem Buch, das den Erinnerungen des Piraten Long John Silver gewidmet ist, sehr anschaulich das Ambiente der englischen Wirtshäuser, nach deren Modell dann die amerikanischen entstanden. Von hier war der Weg für einen jungen, abenteuerlustiger Mann zum angeheuerten Matrosen auf einem Frachtschiff zweifelhaften Rufs nicht weit. Und hier verabredete sich ein alter Seewolf mit einem neugierigen Schriftsteller, um ihm von seiner Vergangenheit zu erzählen, mit Blick aus dem Fenster, wo sich vielleicht gerade ein Hahnenkampf oder eine öffentliche Hinrichtung am Galgen abspielte. Abgesehen von allem anderen, besteht kein Zweifel daran, dass hier getrunken wurde, und nicht zu knapp. Zeitvertreib, Verabredungen und Geschäfte gingen immer mit jeder Menge Alkohol einher. Das verraten sowohl die Lieferscheine, als auch die Zeugenberichte der Kunden. Aus ihren Memoiren wissen wir auch, dass Trinkfestigkeit nicht nur akzeptiert, sondern gar gefordert war. Das Ritual hat sich bis heute erhalten; sich an einen Tisch zu anderen dazuzusetzen, bedeutet auch, wenigstens eine Runde auszugeben, und so vervielfachen sich die zu leerenden Gläser. Trinkfestigkeit hatte und hat ihren Wert.

In den Wirtshäusern bediente man natürlich nicht nur Reisende, auch die örtlichen Kunden zählten, denn die Stammkundschaft garantierte regelmäßigen Umsatz. Das ist heute nicht anders, man denke nur an die moderne Marketing-Strategie der Kundenbindung. Die Einheimischen benutzten diese Momente der Geselligkeit auch dazu, um mehr über Herkunft, Absichten und religiösen Überzeugungen von Fremden zu erfahren; man kennt das aus Westernfilmen. Der Saloon war der erste Ort, den man betrat, um etwas zu erfahren. William Black, schottischen Ursprungs, war möglicherweise erst seit kurzem in der Neuen Welt, als der Gouverneur von Virginia, William Gooch (1681–1751), ihn 1744 zum Sekretär der Kommission ernannte, die mit der indigenen Bevölkerung der sechs Irokesen-Nationen über den Status der Territorien westlich der Allegheny Mountains verhandeln sollte. Mit ihm reisten Gesandte aus Pennsylvania und Maryland. Black sah die Wichtigkeit von Wirtshäusern als Orte, um an Nachrichten heranzukommen, und dass der eigentliche Nutzen dieser Lokale nicht unbedingt im Essen und Trinken lag, sondern in den Gesprächen. Er befand, dass eine Stunde Kneipengespräche nützlicher war als eine Woche Beobachtungen. Bei den hitzigsten Diskussionen ging es um Politik und dabei kam es manchmal zu Schlägereien. Besonders wenn viel dazu getrunken wurde, konnten die Wortgefechte in einer Welt, in der fast alle bewaffnet waren, gefährlich werden. Beim Lesen des Tagebuchs von William Black ist mir eine Begebenheit meiner Paraguay-Reise in den Sinn gekommen. Zu Gast bei Freunden von Freunden wurde ich vor unserem Gang zum Abendessen im Restaurant unbeteiligter Zeuge einer politischen Auseinandersetzung. Die Atmosphäre heizte sich schnell auf, die Worte kamen immer schneller, dass man kaum mehr etwas verstand, die Stimmen wurden lauter, die Gesichter röteten sich. Das Ganze schüchterte mich ein wenig ein, mit Schrecken kam mir der Gedanke, dass von einem Moment auf den anderen Messer gezückt werden könnten, doch nichts dergleichen geschah. Das Klima entspannte sich sehr schnell und nach einem kräftigen Händedruck der beiden Streithähne (oder derjenigen, die ich dafür hielt) kamen sie überein, dass es an der Zeit sei, zusammen etwas essen und trinken zu gehen.

Die Räumlichkeiten, in denen man essen, trinken und übernachten konnte, variierten von Fall zu Fall: mal ein Saloon, der nur aus einem einzigen großen Raum bestand, in dem man schlief, aß und trank, mal ein Saloon mit mehreren Räumen, jeder für einen anderen Zweck, darunter auch Separees für erotische Zusammenkünfte, den Puritanern ein besonderer Dorn im Auge. Für die Reisenden, die auf Unterkunft und Verpflegung angewiesen waren, war es nicht einfach, eine angemessene Herberge zu finden, vor allem für diejenigen, die einen gehobenen Lebensstandard gewohnt waren. Davon erzählen uns in allen Einzelheiten Reisetagebücher. Zum Beispiel das von Ebenezer Hazard (1744–1817), Geschäftsmann und Journalist, den man nach dem Unabhängigkeitskrieg als recht angesehenen Politiker mit der Einrichtung und der Logistik des Postwesens beauftragte. Dabei sammelte er Reiseerfahrungen und wurde zu einem aufmerksamen Beobachter, wie seine interessanten Berichte offenbaren. Einer dieser befasste sich mit der Route zwischen Neuengland und New York in den Jahren 1772 und 1773. Von seinen Aufenthalten in zahlreichen Wirtshäusern gab er detaillierte und lebendige Beschreibungen, etwa als er über eine der schäbigsten Herbergen schrieb, die er je gesehen hatte. Rund zwanzig völlig betrunkene Männer fluchten und pöbelten sich gegenseitig mit wüsten Beschimpfungen an, während ein Alter sich mit einem (für beide) wenig schmeichelhaften „Hundesohn" an seinen Sohn wandte. Natürlich kam es auch vor, bessere Unterkünfte zu finden, aber hinter jeder Ecke konnte sich eine Überraschung auftun, vor allem für den, der gerade frisch aus Europa in die Neue Welt gekommen war und sich nicht an gewisse Usancen gewöhnen konnten, wie zum Beispiel das Schlaflager mit anderen, die nicht immer sauber und nüchtern waren, teilen zu müssen, was relativ üblich war. Auf die Anfrage nach einem Bett nur für sich wussten die Wirte oft gar nicht, was mit dieser abwegigen Forderung gemeint war.

Wenigstens anfänglich reproduzierte die Organisation der ersten Wirtshäuser in der Neuen Welt noch nicht ganz das europäische Modell, das je nach dem sozialen Hintergrund der Kundschaft unterschiedliche Lokale kannte. Doch bald begannen auch die Siedler, Saloons je nach Ansehen der Wirtsleute und der Kunden einzustufen. In den ersten Jahren des 18. Jahrhunderts entstanden in Städten wie Boston, New York und Philadelphia exklusive Lokale, in denen die Angehörigen der gehobenen Schichten ungestört ihre Drinks zu sich nehmen konnten, ohne Seite an Seite mit den Ärmsten am Tresen stehen zu müssen. Abgesehen von der Kundschaft bestand der Unterschied im Lärmpegel, im Qualm der Raucher und in der Qualität des Service. Die Clubs in der Neuen Welt waren inklusiv und exklusiv zugleich: Fremden beispielsweise standen die Türen offen, aber sie mussten ziemlich schnell beweisen, dass sie ihrer würdig waren. Ähnliche Gruppenzugehörigkeiten waren kein Monopol der gehobenen Kreise, auch wenn wir über die der volkstümlicheren Schichten nicht viel wissen, denn Menschen, die schrieben und ihre Erinnerungen hinterließen, hielten sich in der Regel nicht dort auf. Dort war man eher daran interessiert, gute Trinkgelegenheiten aufzutun. Was uns an Informationen erreicht hat, betrifft die Fälle, in denen es um Krawalle ging, die die öffentliche Ordnung und den sozialen Frieden bedrohten.

Vor allem seit dem 18. Jahrhundert verwendeten die Kolonialbehörden viel Energie darauf, die öffentliche Ordnung zu gewährleisten, auch unter dem Druck der oberen Schichten, die sich von der wachsenden Verbreitung des Lasters der Trunkenheit und seiner oft nur schwer zu kontrollierenden Folgen bedroht fühlten. In diesem Zusammenhang entstand die Definition vom „problematischen Trinker". Man versuchte, den Zulass zu den Lokalen zu reglementieren, ihre Öffnungszeiten einzuschränken, das Glücksspiel zu verbieten, wie überhaupt Aktivitäten, für die man sich länger in einer Wirtschaft aufhielt, sowie die Wirte davon abzuhalten, ihre Kunden anschreiben zu lassen. Man wollte verhindern, dass gewisse Menschen ohne Unterlass tranken und den ganzen Tag auf den Bänken der Lokale herumlungerten, was sich zu einer konkreten Bedrohung für den Frieden der Kollektivität entwickeln konnte.

Die Kolonien jenseits des Atlantik legten dieselben englischen Kriterien hinsichtlich der Lizenzvergabe für die Eröffnung von Lokalen mit Alkoholausschank und Herbergsbetrieb für Reisende und Pferde an, wobei man überall versuchte, die Anzahl der Gastbetriebe niedrig zu halten. Sicherlich gab es örtliche Unterschiede, doch das Ziel der Vorschriften war überall dasselbe. Wer einen Saloon betreiben wollte, sollte mit Verantwortungsbewusstsein ausgestattet sein, das Benehmen seiner Gäste kontrollieren können, die Öffnungszeiten respektieren, darauf achten, dass manche nicht zu viel tranken, Betrunkenen nichts mehr ausschenken, jedem Exzess zuvorkommen und im Extremfall hart und entschlossen durchgreifen können. In gewisser Weise wurden die Wirte damit zu informellen Helfern der Polizei, ersetzten manchmal sogar die Ordnungshüter, von denen sie dazu angehalten wurden, über die Einhaltung des Verbots, Indianern alkoholische Getränke zu verkaufen, zu wachen. Aus den Quellen erhält man den Eindruck, dass man genau diesen Verstoß am strengsten ahndete, zumindest ab Anfang des 18. Jahrhunderts. Das Interesse der Verpflichtung zur Überwachung nachzukommen war sehr groß: Bußgelder oder andere Formen der Bestrafung waren für diejenigen vorgesehen, die Fehlverhalten von Betrunkenen nicht zur Anzeige brachte. Von der Fähigkeit des Wirts, auf das Trinkverhalten seiner Gäste zu achten, konnte die alljährliche Verlängerung seiner Lizenz abhängen.

Es ist gar nicht einfach, die Kriterien der Lizenzvergabe nachzuvollziehen. Wer gegen das Gesetz verstieß, war nicht automatisch vom Erlangen einer Genehmigung ausgeschlossen, aber es hing viel von der sozialen Zugehörigkeit des Schuldigen ab. Anfänglich waren es die Provinzbehörden, die die Lizenzen vergaben, als aber die Ansiedlung von Ankömmlingen aus Europa immer konsistenter wurde und das Rechtssystem immer komplexer, ging diese Befugnis an die städtischen Behörden über. Diese Instanzenverkürzung vereinfachte die Absprachen, man kannte sich meist persönlich oder war einander durch Interessenaustausch verpflichtet. Gute Gelegenheiten, Geschäfte zu machen, gab es mehr als genug. Trotz des nicht zu leugnenden Gefahrenpotenzials von Lokalen, in denen zwangsläufig Betrunkene ein- und ausgingen, hatten die jeweiligen Autoritäten nie die Absicht, die Anzahl der Wirtshäuser allzu stark zu begrenzen, denn die Einnahmen aus Lizenzvergaben spielten überall eine erhebliche Rolle im Budget der öffentlichen Haushalte. Das führte allerdings auch zu manchem Interessenkonflikt zwischen Provinzverwaltung und lokalen Behörden. Druck machten vor allem die kirchlichen Autoritäten, die sich eine stärkere Kontrolle über den Spirituosenhandel wünschten. Doch auch wenn es gelang, sich auf bestimmte Kontrollstrategien zu einigen, wie 1681 in Boston, hieß das noch lange nicht, dass man die erhofften Ergebnisse erzielte. Die Kampagne der städtischen Justizbehörde, die Anzahl der Lizenzen für den Handel mit Spirituosen zu reduzieren, förderte in Wirklichkeit nur die rasche Zunahme illegaler Verkaufsstellen, weshalb man die ganze Sache wieder rückgängig machte.

Männer hielt man besser dafür geeignet, ein Lokal zu betreiben, dennoch war Frauen – wie auch in England – diese Tätigkeit nicht verschlossen. Nachsichtig war man vor allem den Frauen gegenüber, die sich in schwerer wirtschaftlicher Not befanden; das waren vor allem Witwen, die der plötzliche Tod des Mannes mit kleinen Kindern zurückließ, die noch nicht zum Unterhalt beitragen konnten. In einigen Fällen vergab man die Lizenz einem männlichen Betreiber, der dann über die Arbeit der Wirtin wachte. Auch kam es unter Eheleuten vor, dass der Mann die Genehmigung beantragte und – einmal erhalten – dann seinem eigentlichen Beruf weiter nachging, während die Frau die Wirtschaft betrieb. Ausgesprochen selten traf man etwa in einem Bauerndorf eine Frau hinter dem Tresen an, das kam eher in den

Städten vor. Frauen waren in der Regel auch keine Kundinnen, sie waren allenfalls Besitzerinnen, Betreiberinnen oder Bedienungen; selten sah man eine Frau am Tisch sitzen und etwas trinken, zumindest im 17. und 18. Jahrhundert in den Kolonien jenseits des Atlantik. Tauchte eine Frau in einem Lokal auf, gab es in der allgemeinen Vorstellung eigentlich nur vier Kategorien, der sie angehören konnte: Ehefrau, Witwe, Magd oder Prostituierte. Kam sie an den Tresen, um ein alkoholisches Getränk zu kaufen, hätte sie es nie dort vor Ort beziehungsweise in der Öffentlichkeit getrunken, vielmehr nahm sie es mit nach Hause. Denn eine Frau in betrunkenem Zustand hätte sich noch viel stärker der sozialen Ächtung ausgesetzt als ein betrunkener Mann, das hat sich bis heute kaum geändert. Für den Fall, dass eine Frau auf Reisen in einem dieser Lokale übernachten musste, tat sie das normalerweise nur, wenn sie keine andere Möglichkeit hatte, wobei sie versuchte, mit dem Wirt Sonderkonditionen auszuhandeln, etwa ein Bett nur für sich oder im Bett neben der Frau des Wirtes schlafen zu dürfen.

Trotz der Versuche, das Betreiben der Wirtshäuser stärker zu reglementieren, hielten sich zwei Probleme in den nordamerikanischen Kolonien beharrlich: die Anwesenheit von Personen zweifelhafter Gesetzestreue, die keine Skrupel hatten, aus ihrem Lokal einen Schauplatz illegaler Aktivitäten zu machen, sowie der Handel mit Spirituosen durch Leute, die keine Genehmigung dafür hatten. Mancher kam auch auf originelle Ideen: So belud man etwa ein Kanu mit Alkoholischem, um damit ganz nah an die großen im Hafen liegenden Schiffe heranzurudern und seine Waren anzubieten, sozusagen eine clevere Variante des Tür zu Tür-Verkaufs. Zum Thema „zweifelhafte Integrität" sei an den Fall des Lokals von John Cos (aus dem Jahr 1668) erinnert, das sich in Chester County im späteren Pennsylvania befand, wo es keinerlei Beschränkung der Alkoholmenge gab, die ein Kunde konsumieren durfte. Das waren genau die Lokale, die den Gesetzgebern Kopfzerbrechen bereiteten und die sie dazu drängten, im Namen der öffentlichen Ordnung gegen die Trunkenheit vorzugehen.

Dank der Wild-West-Filme können wir uns den Saloon in den Dörfern des nordamerikanischen Westens lebhaft vorstellen. Wer sich an die erfolgreiche TV-Serie *Deadwood* erinnert, weiß was ich meine, aber auch sonst gibt es zahlreiche Verweise in Literatur und Film. Gemeint sind Lokale, die alle drei Elemente verbinden: Whisky, Glücksspiel und Prostitution. Dabei geht es nicht nur um fiktive Filmwelten: Deadwood hat es wirklich gegeben (und gibt es immer noch). Als spontanes Zeltlager von Goldsuchern war Deadwood illegal auf indianischem Terrain in den Black Hills entstanden und entwickelte sich rasch zu einer Stadt ohne Rechtsordnung und ohne Obrigkeit. Die Saloons wurden zum Schauplatz des Soziallebens, was Al Swearengen (1845–1904), der Besitzer des *Gem Theater*, trefflich verkörperte – bei seinen Theateraufführungen bot er Alkohol an, Glücksspiel und Prostitution. Swearengen betrieb sein Geschäft mit unternehmerischem Geschick und der Skrupellosigkeit eines Gesetzlosen, genauso wie man sich den „Wilden Westen" vorstellte. Ihm gelang es sogar, für seine Shows einige Sioux-Indianer auf die Bühne zu holen, damit sie mit

Kriegsbemalung und entsprechend gekleidet ihre Kriegstänze aufführten, als würden sie tatsächlich nach der Vorstellung in den Kampf ziehen.

Die Herrnhuter, die in North Carolina ansässig waren (ihre erste Niederlassung war 1766 in Salem), hatten sich eine originelle und auch gewinnbringende Strategie ausgedacht, um die Anzahl der Wirtschaften in ihren Siedlungen zu begrenzen, indem sie vorschrieben, dass es nicht mehr als eine pro Ort geben durfte. Das war nicht neu: Die Beschränkung der Zulassungen war überall der erste Schritt gewesen. In diesem Fall war das Besondere der Beschluss, die Wirtschaft zum Eigentum der Kollektivität zu machen. Die Ortsgemeinschaft ernannte die Betreiber und konnte sich dafür die Person oder das Ehepaar aussuchen, das man für besonders geeignet erachtete. Die Ausgewählten durften keiner anderen Aktivität nachgehen, sie erhielten ein kleines Gehalt, zu dem ein Drittel der Geschäftseinnahmen hinzukamen, der Rest ging an die Kollektivität. Diese hielt ein wachsames Auge auf die Betreiber, die bei Fehlverhalten ihrer Aufgabe enthoben werden konnten, auch mussten sie für jede Änderung des Status quo die Zustimmung aller einholen, etwa um ein neues Gebäude für die Wirtschaft zu bauen. Das System erbrachte den Gemeindekassen erhebliche Gewinne, allerdings wird nicht klar ersichtlich, ob sich diese Lösung auch als geeignet für die Kontrolle der Trinkgewohnheiten der Gläubigen erwies.

Im Jahr 1729 erließ der Gesetzgeber des Staates Rhode Island eine Vorschrift, um Indianertänze mit der Begründung zu reglementieren, dass sie für die Siedler eine Gefahr darstellten, da sie ein Anlass für Prügeleien und Besäufnisse seien. In Wirklichkeit sahen die Puritaner an der Spitze der gesetzgebenden Versammlung in diesen Tänzen Quellen sündhafter Versuchungen, da sich Männer und Frauen frei berühren konnten und eine – in ihren Augen – „dämonische Prozession" begannen. Der uns schon bekannte Increase Mather war unter den wortstärksten Vertretern eines Verbots – mit Ausnahme von Festlichkeiten, die einfach nur als Ausdruck von (promiskuitätsfreien) Fröhlichkeit galten.

Schlusswort

Die Maßnahmen gegen die heiligen Tänze führen uns zum letzten Kapitel in den Indianerkriegen, dem Massaker von *Wounded Knee* und die Ereignisse, die ihm vorausgingen. Dazu zählt vor allem die Verbreitung des *Ghost Dance* in zahlreichen Indianerreservaten in Amerikas Westen. Zu den wichtigsten Erfahrungen gehörte die des Propheten Wovoka (ca. 1856–1932) vom Stamm der Paiute, der nach einem Trance-Zustand während einer Sonnenfinsternis wiedererwachte und berichtete, er sei mit Gott in Kontakt getreten. Wovoka hatte die Welt der Toten gesehen und von Gott die Aufgabe erhalten, der gesamten Indianernation eine Botschaft zukommen zu lassen. Sie enthielt Anweisungen, nach denen sich die Indianer mit ihren Ahnen vereinen und erneut eine glückliche Existenz führen könnten. Dazu müsse man jeden Konflikt aufgeben (zwischen Ureinwohnern und Weißen), nicht stehlen, nicht lügen und fleißig arbeiten. Und sie sollten tanzen, wie und wann es ihnen der Paiute-Prophet beibringen würde. Es entwickelte sich daraus eine prophetische Bewegung, ähnlich der von Handsome Lake und Tenskwatawa, nur viele Tausend Meilen weiter im Westen. Die Weißen bezeichneten diese neue Religion (wie die Indianer selbst sie nannten) alsbald als *Ghost Dance* und beobachteten sie mit Misstrauen, auch weil sie sofort den Verdacht hatten, dass jede Gruppenformation bedrohlich und jeder Tanz ein Kriegstanz sei. Ein Grund zu großer Besorgnis war seine weitreichende Verbreitung. Mit jeweils eigenen Interpretationen griffen zahlreiche Stämme diesen Tanz auf: die Hualapai, die Bannock, die Shoshone, die Arapaho, die Crow, die Cheyenne, die Caddo-Stämme, die Pawnee, die Kiowa, die Comanche und vor allem die Sioux, die Sieger über George Armstrong Custer (1839–1876) am Little Bighorn. Übrigens war Custer aus Überzeugung ein *teetotaler*, auch wenn ihn das nicht davor schützte, sich oft so zu benehmen, als sei er von Sinnen. Die Befürchtung, dass die tapfersten Krieger der gesamten Indianernation einen Grund für einen neuen Aufstand finden könnten, der auf einem neuen Glaubenskult aufbaute, wie auch die Angst vor einem panindianischen Bündnis führten das Heer dazu, mit schockierender Brutalität vorzugehen. Nach einer ersten Phase, in der man dem Geistertanz wenig Beachtung schenkte, folgte ein umso stärkerer Widerstand vor allem aus militärischen und Regierungskreisen. Der unkluge Versuch, diese neue Religion auszumerzen, war eines der Motive für die Ermordung von Sioux-Häuptling Sitting Bull (1831–1890), dem Anführer der Niederlage gegen Custer, durch indianische Reservatspolizisten der Standing-Rock-Reservation der Lakota-Siouxs. Der Tod von Sitting Bull löste Schrecken und Verwirrung unter seinen Leuten aus, so dass einige Mitglieder des Stammes Minneconjou das Reservat unter Führung des alten und kranken Big Foot (1826–1890) verließen. Am 28. Dezember 1890 spürte ein Bataillon der 7. Kavallerie (eine nach der Niederlage am Little Bighorn rekonstruierte Einheit) die Gruppe auf, die sich sofort ergab. Die Indianer schlugen ihr Lager nah am Wounded Knee Creek auf und die Soldaten bewachten sie mit Kanonen. Am folgenden Morgen befahlen die Soldaten den Indianern, ihnen ihre Waffen auszuhändigen. Der Befehl löste Verwirrung aus, noch

http://doi.org/10.1515/9783110674972-007

verstärkt durch den Medizinmann Yellowbird, der seine Mitstreiter dazu aufforderte, dem Befehl nicht nachzukommen und ihnen versicherte, die Macht ihrer heiligen Hemden würden die Kugeln aufhalten. Im Chaos fiel ein Schuss, der das auslöste, was als „Massaker von Wounded Knee" in die Geschichte eingegangen ist. Dabei wurden 153 Angehörige des Minneconjou-Stammes getötet, in der Mehrzahl Frauen und Kinder, einige wurden auch über Kilometer verfolgt und erschossen.

In dieser Verkettung dramatischer Ereignisse spielte auch der Alkohol eine Rolle. Einer der indianischen Polizisten, der mit der Gefangennahme von Sitting Bull betraut war, die dann zur Tötung des Häuptlings führte, gab zu, dass die meisten Männer seiner Gruppe noch vom Whisky betrunken waren, den ihnen der Indianeragent James McLaughlin (1842–1923) angeboten hatte, der für den Haftbefehl verantwortlich gewesen war. Viele Zeugenaussagen zum Massaker von Wounded Knee stimmen darin überein, dass zahlreiche Soldaten alkoholisiert waren; außerdem hatten sie unter sich ausgemacht, beim ersten Anzeichen von Widerstand seitens der Lakota-Indianer das Feuer zu eröffnen. Die letzte Episode der Indianerkriege endete in einem Blutbad, bei dem auch der Alkohol mitmischte.

Literatur

Sinn und Zweck dieser Arbeit war es, über die Bedeutung des Trinkens beziehungsweise der Trinksitten in der Geschichte der Begegnung von Europa und Amerika nachzudenken. Um mich dem Thema zu nähern, habe ich mich auf die Beziehungen von Einzelpersonen konzentriert, von Gesellschaften sowie von Einzelpersonen und Gesellschaft, auf die Verbindungen, die aus solchen Beziehungen entstehen; mit einem Wort auf die Verbindungen. Ich wollte einige Aspekte der Verhandlungen zwischen Personen und kulturellen Modellen anhand der Trunkenheit analysieren. Ich sah in Alkoholkonsum und insbesondere in seinem Missbrauch Instrumente, um historische Dynamiken zu untersuchen, die weit über das „wie und was man trink" hinausreichen. Sie reichen von sozialen und religiösen Beziehungen bis hin zu Formen der Macht- und Justizausübung. Der Forschungsansatz, aus dem *Sakraler Rausch, profaner Rausch* erwachsen ist, basiert auf der Vorstellung, die Geschichte der Trunkenheit sei keine Geschichte für sich, sondern Teil eines wesentlich größeren Mosaiks. Die Auswirkungen der Kolonisation auf die indigenen Kulturen lassen sich auch am Pegel der Behälter mit alkoholischen Getränken messen. Die Tafel ist ein Ort der Begegnung, aber nicht immer einer friedlichen. Man denke an die Auswirkungen von Trink- und Essgewohnheiten auf das Verhalten von Gläubigen unterschiedlicher Religionen: Sie reichen vom gezielten Betrinken zum Erlangen ekstatischer Rauschzustände bis hin zum völligen Verbot auch nur eines Schluckes berauschender Getränke. Als die Missionare auf dem amerikanischen Kontinent ankamen, versuchten sie schnell, die Sitten und Gebräuche der Ureinwohner zu verändern. Sie erklärten ihnen, ihre Spirituosen seien das Böse, während Wein im Gegenteil ein Symbol des heiligen Opfers sei. Wundern wir uns nicht, wenn viele Zeugenberichte angesichts dieser Inkohärenz skeptisch klingen. Wie bereits beim Fasten und bei anderen Ernährungsregeln veränderte sich das Verhalten der Ureinwohner nach dem Kontakt mit den Europäern auch im Hinblick auf die Trunkenheit, allerdings in eher unerwarteter und unvorhersehbarer Form.

Wirft man einen Blick auf das neue Interesse der Geistes- und Sozialwissenschaften an der Religionsforschung, erkennt man wie die kulturelle Adaption bei der Glaubenserfahrung immer mehr ins Blickfeld gerückt ist, und zwar die individuelle noch vor der gemeinschaftlichen. Soziologie, Psychologie und Theologie befassen sich schon seit geraumer Zeit mit dem, was man mit einer kulinarischen Metapher als *religion à la carte* bezeichnet oder mit dem Bild der *patchwork religion*; die Anthropologie verwendet den Begriff *bricolage*, die Geschichte den Synkretismus. Diese Definitionen sprechen von einer Interessenkongruenz gebunden an den Wunsch, gestern wie heute die Ergebnisse aus dem Zusammenspiel von Individuen und kulturellen, insbesondere religiösen, Modellen zu analysieren. Indem man die speziellen Essgewohnheiten, vor allem in Zusammenhang mit Alkoholkonsum, erforscht, kann man das ein oder andere über diese Verknüpfungen erfahren. In zwei zeitlich und geografisch recht weit voneinander entfernten Arbeiten bin ich diesen beiden Aspek-

http://doi.org/10.1515/9783110674972-008

ten nachgegangen: *La „patchwork religion" in prospettiva storica. Wovoka e la „Ghost Dance" del 1890*, in „Annali di Studi Religiosi", 16, 2015, S. 95–117, sowie *Ivresse et gourmandise dans la culture missionnaire jésuite. Entre bière et herbe maté (siècles 16–18)*, in „Archives de Sciences Sociales des Religions", 178, 2017, S. 257–276.

Ich weiß es zu schätzen, wenn die biografischen Eckdaten von zitierten Personen in Texten angegeben werden – eine Hommage an die Frauen und Männer, die uns Einblicke in die Vergangenheit gestatten. Deshalb gebe ich, sofern es mir möglich ist, Geburts- und Todesdatum der jeweiligen Person an. Die Fußnoten am Ende jeder Seite ersetze ich mit diesem bibliografischen Kapitel, wo der Leser seine hoffentlich erweckte Neugier befriedigen kann. Der Großteil des Archivmaterials stammt aus der Geschichte der Gesellschaft Jesu, mit der ich besonders vertraut bin. Die Missionsberichte der Jesuiten, die Briefe und die Verordnungen enthalten so viel Information zum alltäglichen Leben und zur Kulturgeschichte, dass ich dort umfassend fündig wurde. Profitiert habe ich zudem von Berichten von Glaubensvertretern anderer Ordensgemeinschaften, von juristischen Abhandlungen sowie von unterschiedlichsten Tagebüchern und Chroniken. In Sachen Stil und Kommunikationsform halte ich mich an Justin E.H. Smith, *The Philosopher. A History in Six Types*, Princeton NJ 2016.

Im ersten Kapitel habe ich die Unterschiede in Bezug auf die Legitimierung der Getränke der „Anderen" aufgezeigt: Das Verständnis für andere Kulturen als die eigene geht auch durch den Magen, in Form von Festen und Festlichkeiten, Momenten und Räumen, die Anlass zu unüberwindbaren Missverständnissen sein können. Und die oft die eigene Unfähigkeit offenbaren, die eigenen Tischsitten und -gebräuche in ihrer Entstehung, ihrem Wandel und ihrer Darbietung nachzuvollziehen. Das Buch beginnt mit der *Bibel* (Lutherbibel der Deutschen Bibelgesellschaft, Stuttgart 1967) und mit der *Historia de los Indios de Nueva España* von Toribio de Benavente (Motolinia), die ich in der Ausgabe von Daniel Sánchez García konsultiert habe, Barcelona 1914. Wenn mehrere Ausgaben zur Verfügung standen, habe ich mich frei im Internet bei books.google.com und archive.org bedient – ausgezeichnete Datenbanken, die mancherlei Neugierden befriedigen können. Tex Willer reitet unbeirrt bei bester Gesundheit und monatlich erzählt sein Verleger Sergio Bonelli von seinen neusten Abenteuern. Geronimos Biografie erzählt anschaulich Robert M. Utley, *Geronimo*, New Haven CT 2012.

Die Definitionen von Trunkenheit, auf die ich mich berufe, stammen von Véronique Nahoum Grappe, *La Culture de l'ivresse: essai de phénoménologie historique*, Paris 1991, S. 17; Matthieu Lecoutre, *Ivresse et ivrognerie dans la France moderne*, Rennes / Tours 2011, S. 36–39, 189, 228; Florent Quellier, *Gourmandise. Histoire d'un péché capital*, Paris 2013, S. 82. Das Buch von Lecoutre habe ich auch in anderen Kapiteln bemüht. Zitate aus anderen Sprachen habe ich stets selbst übertragen. Die englischsprachige Broschüre, welche die Definition von „betrunken" enthält, findet sich in zahlreichen Veröffentlichungen, die auf *For the King and Both Houses of Parliament*, London 1680, S. 29, verweisen. Der Originaltext lautetet: „Not drunk is he who from the floor / Can rise again and still drink more. / But drunk is he who prostrate lies, /

Without the power to drink or rise". Die Alkoholismus-Definition des italienischen Gesundheitsministeriums findet sich auf der Website zu psychischen Störungen: http://www.salute.gov.it/portale/salute/p1_5.jsp?id=86&area=Disturbi_psichici; auf www.who.int präsentiert sich die World Health Organization (WHO).

Kapitel 2 des 2. Buchs der *Essays* von Michel de Montaigne nennt sich *De l'Yvrognerie*. Auf Deutsch empfiehlt sich ihre klassische Gesamtübersetzung von Hans Stilett, Frankfurt a.M. 1998. Des Weiteren zitiere ich Susan Cheever, *Drinking in America. Our Secret History*, New York / Boston MA 2015, Kap. 10: „The Writer's Vice" ist dem Trinken unter Schriftstellern gewidmet.

Auf den englischen Pastor Increase Mather und die Lektüre seines *Wo to Drunkards. Two Sermons Testifying against the Sin of Drunkenness*, Boston MA 1712 (online frei zugänglich) bin ich durch Michael G. Hall gestoßen, *The Last American Puritan. The Life of Increase Mather, 1639–1723*, Middeltown CT 1988. Die Verweise auf *Scalco Spirituale* von Enrico da san Bartolomeo (online verfügbar) finden sich im Text, hier wiederhole ich sie nicht, denn damit würde ich die zugelassenen Anschläge überschreiten; interessant für uns sind S. 18–35, 188–201 (Kap. 17) sowie S. 211–231 (Kap. 20).

Eine schöne kirchenväterliche Textsammlung ist die von Ignazio de Francesco et al. (Hrsg.), *Il digiuno nella Chiesa antica. Testi siriaci, latini e greci*, Mailand 2011. Der Verweis auf San Tommaso bezieht sich auf *Summa Theologiae*, 2-2, q. 143.

Auch einige Passagen aus den Evangelien finden im Text Erwähnung. Einen faszinierenden Einblick in die Hochzeit zu Kana und die Bankette bietet Valerio Massimo Manfredi in seiner Erzählung *L'oste dell'ultima ora*, Correggio 2013. Über die Mahlzeiten, die Jesus Christus zu sich nahm, hat sich unter anderem Enzo Bianchi Gedanken gemacht, *Spezzare il pane. Gesù a tavola e la sapienza del vivere*, Turin 2015. Viele Anspielungen auf Alkohol und Klosterleben (zum Beispiel bei den von Philibert Schmitz erforschten Benediktinern) liefert Fabienne Henryot, *À la table des moines. Ascèse et gourmandise de la Renaissance à la Révolution*, Paris 2015.

Zur peruanischen Chicha existieren zahlreiche Quellen und Studien, die in den folgenden Anmerkungen erwähnt werden. Eine unverzichtbare Sammlung ist die acht Bände umfassende *Monumenta Peruana Societatis Iesu*, herausgegeben vom Institutum Historicum Societatis Iesu, mit den Niederschriften der Berichte und Protokolle der Missionare aus den Jahren 1565 bis 1604. Von unschätzbarem Wert ist das Buch von Juan Carlos Estenssoro Fuchs, *Del paganismo a la santidad: la incorporación de los indios del Perú al catolicismo, 1532–1750*, Lima 2003. *El primer nueva coronica y buen gobierno* von Guaman Poma de Ayala ist online leicht zu finden.

Die Verweise auf die Paulusbriefe finden sich im Text, während die Rekonstruktion der Geschichte der Abstinenz sich auf das Werk von Fabienne Henryot stützt. Die Ernährungsregeln der Jesuiten in Venetien sind im Archivum Romanum Societatis Iesu (ARSI), Veneta 93, fol. 1v–49v aufgeführt.

Für Pietro Pacciotti habe ich das Traktat von Paolo Zacchia verwendet, *Il Vitto Quaresimale*, Rom 1636 (siehe dort S. 8–9, 201). Über die Essgewohnheiten von Ignazio di Loyola habe ich in einem Aufsatz geschrieben: *La pericolosità degli eccessi. Ignazio di Loyola e le regole della tavola*, in „Ignaziana", 23, 2017, S. 3–16, www.ignaziana. org/23-2017_01.pdf.

Unzählige Texte von Petrus Canisius hat Otto Braunsberger gesammelt und herausgegeben: *Beati Pietri Canisii, Societatis Jesu, Epistulae et Acta*, 8 Bde., Freiburg i.Br. 1896–1923. Der Verweis im Text bezieht sich auf Bd. 8, S. 1401–1411. Die Zitate von Tacitus stammen aus *Germania*, XXII–XXIII; jenes von Rabano Mauro aus der *Patrologia Latina*, Bd. 107, 1863, S. 73 (alles online). Zu Luther siehe Olivier Christin, *La foi comme chope de bière. Luther, les moines, les jeûnes*, in Julia Csergo (Hrsg.), *Trop gros? L'obésité et ses représentations*, Paris 2009, S. 45–61. Zu Luthers Tischreden habe ich die deutsche Ausgabe von 1912 konsultiert: Martin Luther, *Werke. Kritische Gesamtausgabe, Tischreden*, Bd. 1, Weimar 1912, online verfügbar.

Die Akten des Konzils von Trient kann man einsehen in *Conciliorum Oecumenicorum Decreta*, Bologna 2005. Die Pflichten der polnischen Jesuiten sind dargelegt in ARSI, Polonia 5, fol. 3r–10v, die der deutschen Jesuiten in ARSI, Institutum 54–I, Responsa Generalium, fol. 71v; weitere Fälle in ARSI, Institutum 63, Responsa Generalium, fol. 57–58.

Von James Boswell habe ich *The Life of Samuel Johnson* in der Ausgabe von John Wilson Croker konsultiert, New York, John R. Anderson, 1858, Bd. 4, S. 87–88, auch diese online einzusehen.

Im zweiten Kapitel habe ich die Bemühungen von Missionaren und Regierungsgesandten erforscht, die Essgewohnheiten der anderen zu verändern. Hier klaffen Absichten und die tatsächlich mögliche Umsetzung besonders weit auseinander. Das Bestreben das Verhalten vermittels Vorschriften zu reglementieren hat in der Geschichte der Evangelisierung oft die große Distanz zwischen dem Glauben an kanonische Normen und Katechismus einerseits und deren wirklicher Anwendung andererseits dargelegt. Hinter dieser Haltung verbirgt sich – nicht einmal allzu versteckt – die Absicht einer Kultur, eine andere zu beherrschen. Der Hinweis „alles ist Geschichte" ist die Grundlage meines Verhältnisses zu dieser Disziplin, und in diesem Sinne verdanke ich meiner frühen (italienischen) Lektüre von Paul K. Feyerabend, *Wider den Methodenzwang*, Frankfurt a.M. 1975, sowie von Thomas S. Kuhn, *Die Struktur wissenschaftlicher Revolutionen*, Frankfurt a.M. 1967 sehr viel. Das Lied *Latino-américa* erschien auf dem Album *Entre los que quieran*, Sony Music, 2010.

Die ersten beiden Texte, die im zweiten Kapitel angeführt werden, sind leicht zu finden. Von Juan Suárez de Peralta habe ich die von Justo Zaragoza herausgegebene Ausgabe *Noticias Históricas de la Nueva España*, Madrid, Manuel Hernández, 1878, konsultiert (von Betrunkenen ist im 2. Kapitel die Rede). *De Procuranda* von Acosta findet man online (zum Beispiel *De Promulgando Evangelio apud Barbaros: sive De Procuranda Indorum salute libri sex*, Lugduni, Laurentius Anisson, 1670), auch wenn die lobenswerte zweisprachige Ausgabe – Spanisch/Latein – in zwei Bänden und von Luciano Pereña (Madrid 1984–1987) längst Bestandteil meiner Bibliothek ist; zur

Historia Natural y Moral de las Indias kann man die Ausgabe von 1590 zurate ziehen (Sevilla, Juan de León).

Zu Pulque, Trunksucht in Mexiko, die Chroniken und ganz allgemein die Quellen, die davon berichten, ist das erste Kapitel der Untersuchung von William B. Taylor, *Drinking, Homicide and Rebellion in Colonial Mexican Villages,* Stanford CA 1979, von zentraler Wichtigkeit. Auf diese Untersuchung verweise ich an vielen Stellen dieser Arbeit. Wichtig sind außerdem die Arbeiten von Sonia Corcuera de Mancera, *Entre gula y templanza: Un aspecto de la historia mexicana,* 1. Aufl., México 1981, sowie *El fraile, el indio y el pulque: evangelización y embriaguez en la Nueva España (1523–1548),* 1. Aufl., México 1991. Auch wichtig ist Dominique Fournier, *Le pulque: boisson, nourriture, capital,* in „Journal de la Société des américanistes", 69, 1983, S. 45–70. Des Weiteren zitiere ich das Werk von Jorge Juan und Antonio Ulloa, *Noticias secretas de América,* herausgegeben von Ramos Gómez L.J., Madrid 1990 (1826), S. 266–267, online zugänglich, wie auch die *Relación de las cosas de Yucatán* (1566) von Diego de Landa.

Die Akten der ersten Synode von Quito hat Jorge Villalba untersucht: *Los sínodos quitenses del Obispo Luis López de Solís: 1594 und 1596,* in „Revista del Instituto Ecuatoriano de Historia Eclesiástica", 3–4, 1978, S. 69–198.

Zu den archäologischen Untersuchungen in den Anden habe ich mich vornehmlich verlassen auf die grundlegenden und detaillierten Untersuchungen von Thomas B.F. Cummins, *Toasts with the Inca. Andean Abstraction and Colonial Images on Quero Vessels,* Ann Arbor MI 2012. Hilfreich war auch das Werk von Justin Jennings, *A Glass for the Gods and a Gift to My Neighbor. The Importance of Alcohol in the Pre-Columbian Andes,* in Gretchen Pierce und Áurea Toxqui (Hrsg.), *Alcohol in Latin America. A Social and Cultural History,* Tucson AZ 2014, S. 25–45.

Die Bände der *Historia General de las Cosas de Nueva España* von Bernardino de Sahagún sind online frei zugänglich, ebenso wie die *Memoriales* von Toribio de Benavente/Motolinía. Im ersten Band beziehe ich mich vor allem auf Buch 6, Kap. 14, im zweiten Band auf Kap. 19 des zweiten Teils.

Die Abhandlung von Antonio de León Pinelo, *Question moral si el chocolate quebranta el ayuno eclesiastico,* Madrid, por la Viuda de Iuan Gonçalez, 1636, war der erste Text, den ich für diese Arbeit zurate gezogen habe. Ich bin dem Kanoniker dankbar, der mit Akribie und Ausdauer in jahrelanger Arbeit, die Trinkschokolade und viele andere indigene Getränke studiert hat, und natürlich auch demjenigen, der dieses Werk digitalisiert und ins Internet gestellt hat. Unverzichtbar für die Anden ist das Werk von Thierry Saignes (Hrsg.), *Borrachera y Memoria. La experiencia de lo sagrado en los Andes,* Lima 1993. Über die Geschichte von Chicha wurde viel geschrieben. Zu den Frauen, insbesondere den *mamaconas,* siehe Sebastien Petrie, *La producción de chicha en los imperios inca y chimú,* in Aylen Capparelli et al. (Hrsg.), *La alimentación en la América precolombina y colonial: una aproximación interdisciplinaria,* Madrid 2009, S. 133–143, sowie die Einleitung zu dem von Justin Jennings und Brenda J. Bowser herausgegebenen Band, *Drink, Power and Society in the Andes,*

Gainesville FL 2008, dessen Beiträge viele Aspekte des Themas klären. Zahlreiche Informationen finden sich auch in dem 664 Seiten umfassenden Werk von Elmo León, *14.000 años de alimentación en el Perú*, Lima 2013.

Zu *tiswin* und *tula-pah* seien folgende Referenzen genannt: James Haley, *Apaches. A History and Culture Portrait*, Garden City NY 1981, sowie Morris Edward Opler, *An Apache Life-Way. The Economic, Social and Religious Institutions of the Chiricahua Indians*, New York 1965.

Zum rituellen Gebrauch von Chicha bei den Guaraní habe ich mich auf Maxime Haubert bezogen, *La Vie quotidienne des indiens et des jésuites du Paraguay au temps des missions*, Paris 1967, S. 52. Über die rituelle Bedeutung von alkoholischen Getränken habe ich viel gelernt aus der Arbeit von Rebecca Earle, *Indians and Drunkenness in Spanish America*, in „Past and Present", Supplement 9, 2014, S. 81–99. Allgemeiner gehalten und wirklich sehr gelungen ist ihr Werk *The Body of the Conquistador. Food, Race and the Colonial Experience in Spanish America, 1492–1700*, Cambridge 2012. Ausgesprochen hilfreich ist auch die bereits zitierte Arbeit von Thomas B.F. Cummins, *Toasts with the Inca*. Von der Bösartigkeit von Túpac Inca Yupanqui berichtet Joan de Santa Cruz Pachacuti Yamqui, *Relación de antiguedades deste reyno del Pirú* (ca. 1615), herausgegeben von Pierre Duviols und Césae Itier, Cuzco 1993, S. 239.

Detaillierte Beschreibungen von Maynas liefert Francisco de Figueroa, *Relación de las Misiones de la Compañía de Jesús en el País de los Maynas* [1661], Madrid 1904; zu alkoholischen Getränken siehe S. 233–254, online einsehbar. Ich beziehe mich dabei auf die *Relación de la coca y de su origen y principio y por qué es tan ussada y apetecida de los indios naturales deste reyno del Piru*, herausgegeben von Maria Brey und Victor Infantes, Santafe de Bogotá 1996. Das Zitat findet sich auf S. 51. Es gibt zahlreiche Ausgaben der *Historia del Nuevo Mundo* von Bernabé Cobo, einige kann man gratis online einsehen. Die Beiträge von Antonio de Ruiz de Montoya befinden sich in *Jesuítas e Bandeirantes no Guairá (1549–1640)*, Rio de Janeiro 1951, S. 297–298.

Von den Tarahumara berichtet William L. Merrill, *Tarahumara Social Organization, Political Organization, and Religion*, in William C. Sturtevant (Hrsg.), *Handbook of North American Indians*, Bd. 10, Washington D.C. 1983, S. 290–305.

Von Bartolomé Álvarez kenne ich sein Werk *De las costumbres y conversión de los Indios del Perú. Memorial a Felipe II*, 1588 (heute Madrid 1998); zu den wenigen biografischen Angaben siehe Luis Alberto Galdames Rosa / Luis Álvarez Miranda, *El soporte cultural que sustenta el discurso de Bartolomé Álvarez*, in „Diálogo Andino", 20–21, 2001–2002, S. 73–80. Außerdem zitiere ich Garcilaso de la Vega, *Comentarios reales de los Incas*, 3 Bde., Buenos Aires 1982, Bd. 2, S. 225 (Bd. 2, Buch 4, Kap. 22) und *De Procuranda Indorum Salute* (Buch 3, Kap. 42). Die anthropologischen Forschungen, auf die ich mich beziehe, sind zusammengefasst bei Gerardo Castillo Guzmán, *Alcohol en el sur andino. Embriaguez y quiebre de jerarquías*, Lima 2015.

Verwendet habe ich außerdem Juan de Cárdenas (1591), *Primera parte de los problemas, y secretos maravillosos de las Indias*, México 1913, S. 110, online frei zugänglich.

Von den Tupinambá schreibt João Azevedo Fernandes in *Liquid Fire. Alcohol, Identity, and Social Hierarchy in Colonial Brazil*, enthalten im bereits zitierten *Alcohol in Latin America*, S. 46–66, und in *Feast and Sin. Catholic Missionaries and Native Celebrations in Early Colonial Brazil*, in „Social History of Alcohol and Drugs", 23, 2009, 2, S. 111–127. Zu den Beschreibungen der Trunkenheit siehe Fernão Cardim, *Tratados da Terra e Gente do Brasil*, São Paulo / Brasilia 1978, S. 116 (Originalausg. 1625).

Von Menschenopfern im Zusammenhang mit Chicha erzählen Santiago Erik Antúnez de Mayolo, *La nutrición en el antiguo Perú*, Lima 1981, S. 93, sowie María Clara Llano Restrepo und Marcela Campuzano Cinfuentes, *La chicha, una bebida fermentada a través de la historia*, Bogotá 1994, S. 33–35. Die Rituale im Zusammenhang mit Pulque sind im bereits genannten *El fraile, el indio y el pulque* von Sonia Corcuera de Mancera beschrieben (S. 25–29). Der Verweis auf Sahagún bezieht sich auf Buch 4, Kap. 4 seiner *Historia*.

Auch Andrés Pérez de Ribas kann man frei zugänglich lesen: *Historia de los triunfos de nuestra santa fe entre gentes las más bárbaras, y fieras de nuestro orbe*, Madrid, Alonso de Paredes, 1645, den Yaqui ist Buch 3 gewidmet. Zum ersten Thema, siehe Jack O. Waddell und Michael W. Everett (Hrsg.), *Drinking Behavior among Southwestern Indians. An Anthropological Perspective*, Tucson AZ 1980.

Im dritten Kapitel habe ich mich mit der radikalen Veränderung der Trinksitten der indigenen amerikanischen Völker in Sachen Alkohol beschäftigt, nachdem die Alkoholika aus Europa Einzug gehalten hatten, insbesondere die destillierten Getränke. Die beiden Bände der *Descripción colonial* von Reginaldo de Lizárraga sind digital zugänglich, in der Ausführung der Ausgabe Buenos Aires 1916, zum Thema Betrunkene siehe Bd. 1, Kap. 114. Überlegungen zur Trunksucht etwa als Grund für den Bevölkerungsschwund, stellt zum Beispiel Fidel de Lejarza an und zwar in *Las borracheras y el problema de las conversiones en Indias*, in „Archivo Ibero-Americano", 1, 1942, S. 111–142, 229–269 (dort findet sich das Zitat im Text auf S. 230) sowie Antonio Piga, *La Lucha antialcohólica de los españoles en la epoca colonial*, in „Revista de Indias", 3 , 1942, S. 711–742. Es ist interessant, wie Piga in seinem Beitrag die Überlegenheit des spanischen Kolonialismus gegenüber demjenigen anderer Nationen verteidigt.

Die Begegnung zwischen Atahualpa und Pizarro haben viele Chronisten beschrieben. Wer über Chicha erzählt, wird erforscht von Iván R. Reyna, *La chicha y Atahualpa: el Encuentro de Cajamarca en la Suma y narración de los Incas de Juan Diez de Betanzos*, in „Perífrasis", 1, 2010, 2, S. 22–36; bei einer Analyse von Titu Cusi befasst sich damit auch Justin Jennings in seinem bereits erwähnten *A Glass of the Gods*. Die Beschreibungen von Paul Le Jeune sind untersucht worden von Dominique Deslandres, *Croire et faire croire. Le missions françaises au XVIIe siècle (1600–1650)*, Paris 2003, insbesondere S. 287–299. Interessante Dokumente sind veröffentlicht in *Monumenta Novae Franciae. Établissment à Québec*, Bd. 1, Roma / Québec 1979, S. 291, 604–606.

Zu Manhattan ist das angeführte Werk frei zugänglich: John Heckewelder, *History, Manners and Customs of the Indian Nations Who Once Inhabited Pennsylvania and the Neighbouring States*, Philadelphia, The Historical Society of Pennsylvania, 1881 (Originalausg. 1818), S. 262; siehe dazu auch Ives Goddard, *The Origin and Meaning of the Name „Manhattan"*, in „New York History", 91, 2010, 4, S. 227–293. Jean Bossu beschreibt diesen Trick in seinen Reiseaufzeichnungen, *Nouveaux Voyages aux Indes Occidentales, Première Partie*, Paris, Le Jay, 1768, S. 126–143. Auch Bossu findet man im Internet.

Herangezogen habe ich für die indianischen Propheten Matthew Dennis, *Handsome Lake and the Seneca Great Awakening. Revelation and Transformation*, in *Seneca Possessed. Indians, Witchcraft, and Power in the Early American Republic*, Philadelphia PA 2010, S. 53–80; Edmund R. David, *The Shawnee Prophet*, 2. Aufl., Lincoln NA 1983, sowie Alfred A. Cave, *The Delaware Prophet Neolin. A Reappraisal*, in „Etnohistory", 46, 1999, 2, S. 265–290. Taki Onkoy ist sehr gut erforscht in *El Retorno de las Huacas. Estudios y documentos sobre el Taki Onkoy. Siglo XVI*, Lima 1990.

Das grundlegende Werk von Taylor über die Trunkenheit in Mexiko habe ich bereits erwähnt; der Bezug zu den Festlichkeiten bei Cortés findet sich allerdings bei Corcuera de Mancera (*Entre gula y templanza*).

Vom Alkoholmissbrauch in den Jahren des Amerikanischen Bürgerkriegs berichtet Cheever, *Drinking in America*, S. 107–124; bei Cheever findet auch der Hinweis von Thomas Walducks.

An die Strategie von George Washington erinnert Eric Burns, *The Spirits of America. A Social History Of Alcohol*, Philadelphia PA 2004, S. 21–22. Die Legende von der betrunkenen Schlange findet sich bei Benjamin Albert Botkin, *A Treasury of New England Folklore. Stories, Ballads, and Traditions of the Yankee Folk*, New York 1965, S. 296. Von Rush, Washington und Jefferson berichtet William J. Rorabaugh, *The Alcoholic Republic. An American Tradition*, Oxford 1979. Die Geschichte von Hochwürden Palmer wiederum erzählt Sharon V. Salinger, *Taverns and Drinking in Early America*, Baltimore MA / London 2002, S. 142. Die Arbeit von Salinger war für mich maßgeblich für die Seiten über Wirtshäuser der atlantischen Kolonien, von denen ich im letzten Kapitel berichte. Für die Tarahumara hingegen gilt der schon zitierter Verweis auf die Arbeit von Merrill.

Im vierten Kapitel habe ich mich mit rechtlichen und moralischen Einschätzungen, medizinischen Aspekten und Auswirkungen von alkoholinduziertem Verhalten befasst, und die Unterschiede und Ähnlichkeiten zwischen Alter und Neuer Welt untersucht. Es war mir wichtig, auch Rauschmittel einzubeziehen, die nicht vergoren beziehungsweise destilliert sind. Um die Frage zu beantworten, weshalb sich die indigenen Völker Amerikas für den aus Europa importierten hochprozentigen Alkohol begeistern konnten, war die ausgezeichnete Zusammenfassung von Mark Hailwood (mit ihrer mehr als angemessenen Bibliografie) mein Ausgangspunkt, Kap. 2: *Historical Perspectives*, in Torsten Kolind, Betsy Thom und Geoffrey Hunt (Hrsg.), *Sage Handbook of Drug & Alcohol Studies. Social Sciene Perspectives*, Thousand Oaks 2016. Unter weiteren Titeln zum Thema seien ferner erwähnt: Solange Alberro, *Bebidas alcohólicas y sociedad colonial en México: un intento de interpretación*, in „Revista Mexicana de Sociología", 51, 1989, 2, S. 349–359, sowie Marin Trenk, *Drunkenness and Dreams. Inebriation and the Dream. Quest among North American Indians*, in „Antropológica", 4, 2000, S. 173–191.

Die Schrift von François Vachon de Belmont, *Histoire de l'eau-de-vie en Canada* aus dem Jahr 1840 fand ich online auf Mikrofilm in den Public Archives of Canada. Möchte man die alkoholische Geschichte Nordamerikas in der Neuzeit studieren, kommt man nicht vorbei an Peter Mancall, *Deadly Medicine. Indians and Alcohol in Early America*, Ithaca NY 1997, wo es um das Schicksal der Irokesen geht. Ein Buch, dem ich sehr viel verdanke – gut zu erkennen an dem, was ich schreibe –, ist das Werk von Robert Dudley, *The Drunken Monkey. Why We Drink and Abuse Alcohol*, Berkeley CA 2014; dieses Werk kann ich wärmstens empfehlen. Das Zitat aus dem Bestseller von Michael Pollan, *Das Omnivoren-Dilemma. Wie sich die Industrie der Lebensmittel bemächtigte und warum Essen so kompliziert wurde*, München 2011, findet sich im Zweiten Teil. Zur Bedeutung des Geschmacks verweise ich auf Alberto Capatti und Massimo Montanari, *La cucina italiana. Storia di una cultura*, Rom / Bari 1999, und vor allem dem Kapitel „La formazione del gusto". Bezüglich Jean Anthelme Brillat-Savarin sei verwiesen auf *Physiologie du Goût ou Méditations de Gastronomie Transcendante*, Paris, Gabriel de Gonet, 1848 (1. Ausg. 1826), Meditations 10: *Des Boissons*, Nr. 53: *Boissons Fortes*. Viele Ausgaben des Werks von Savarin kann man online einsehen.

Zum Thema Strafbarkeit und Rausch haben wir uns schon in den vorherigen Kapiteln mit Heckewelder und Le Jeune befasst.

Mit der Geschichte von chinguirito beschäftigt sich Teresa Lozano Armendares, *El chinguirito vindicado. El contrabando de aguardiente de caña y la política colonial*, México 1995.

In Sachen Strafbarkeit von Betrunkenen in Europa verweise ich auf den datierten aber nicht überholten Raoul Van der Made, *L'influence de l'ivresse sur la culpabilite (XVI. et XVII. siecles)*, in „Revue d'histoire du droit", 20, 1952, S. 64–88, wie auch Matthieu Lecoutre, *Le gout de l'ivresse. Une histoire de la boisson en France*, Paris 2017, S. 261–282.

Zur „Revolte der Beckman" verweise ich auf Luciano Raposo de Almeida Figuei-redo, *A linguagem da embriaguez: cachaça e álcool no vocabulário politico das rebe-liões na América Portoguesa*, in „Revista Histórica", 176, 2017: https://www.revistas. usp.br/revhistoria/article/view/114859/122726. Die online verfügbare Chronik von Francisco Teixeira de Moraes wurde veröffentlicht in „Revista Histórica e Geográfica Brasileira", 40, 1877, 1, S. 67–155, 300–410, der Verweis bezieht sich auf S. 340.

Zu Beginn des Kapitels „Betrunkene ohne Gott" erwähnte ich die Studien von Corcuera de Mancera, in denen ausführlich von Alonso de Molina die Rede ist. Die Verurteilung des Betrunkenen in Lima steht im *Tercero Catecismo y exposición de la Doctrina Christiana por sermones* (1584), Lima, Imprenta Calle San Jacinto, 1773, S. 311–332 (Sermon XXIII) und ist online einsehbar; das Gespräch, übertragen von Heckewelder, findet sich auf S. 263–264 in *History, Manners and Costums*.

Von den Ereignissen am oberen Orinoco wird in den jährlichen Briefen berichtet, veröffentlicht in José Del Rey Fajardo und Alberto Gutiérrez (Hrsg.), *Cartas anuas de la Provincia del Nuevo Reino de Granada años 1684 a 1698*, Bogotá 2014, S. 103–108. Die Geschehnisse um die Franziskaner Jiménez und Larios kann man nachlesen bei Diego de Córdova y Salinas, *Crónica Franciscana de las Provincias del Perú*, Washington D.C. 1957, Buch 2, Kap. 29 und 30 (das Werk ist öffentlich zugänglich auf archive. org).

Die Bewegungen, die in den Vereinigten Staaten zu Abstinenz und Verbot aufriefen, beschreiben sowohl Cheever, *Drinking in Amerika*, als auch Burns, *The Spirits of America*. Die Überzeugungen von Lyman Beecher sind in seinen *Six Sermons on Intemperance* enthalten, die ich in der ersten Ausgabe konsultiert habe (Boston MA, T.R. Marvin, 1828, online frei verfügbar). Die Informationen zu Eliza Pierce und den WTCU finden sich bei Thomas Lappas, *„For God and Home and Native Land". The Haudenosaunee and the Women's Christian Temperance Union, 1884–1921*, in „Journal of Women's History", 29, 2017, 2, S. 62–85.

Die schokoladigen Bräuche von Montezuma beschreibt Bernal Díaz del Castillo, *Historia verdadera de la Conquista de la Nueva España* (1568), Madrid, 1964, S. 324. Die Beschreibung des Bildes von Bonnart findet sich bei Quellier, *Gourmandise*, S. 114. Mit Schokolade habe ich mich auch selbst befasst mit dem Eintrag *Ayuno Eclesiástico* für das *Diccionario Histórico de Derecho Canónico en Hispanoamérica y Filipinas (siglos XVI–XVIII)*, ein gewaltiges Werk des Max-Planck-Instituts für europäische Rechtsgeschichte: https://papers.ssrn.com/sol3/papers.cfm?abstract_id=3260582. Ein Grundsatzwerk ist Nikita Harwich Vallenilla, *Histoire du chocolat von*, Paris 2008 (1. Ausg. 1992). Die Verweise auf die im Text zitierten Abhandlungen, alle digitalisiert, beziehen sich außer auf Cárdenas und León Pinelo auch auf Tomás Hurtado, *Chocolate y tabaco, Ayuno eclesiastico y natural, para la sagrada Comunion*, Madrid, por Francisco Garcia, 1645; Franciscus Maria Brancaccio, *De chocolatis potu diatribe*, Romae, per Zachariam Dominicum Acsamitek in Kronenfeld, 1664; Daniele Concina, *Memorie storiche sopra l'uso della Cioccolata in Tempo di digiuno, esposte in una lettera a Monsignor Illustrissimo, e Reverendissimo Arcivescovo N.N.*, Venezia, appresso Simone Occhi, 1748.

Zum Thema Mate verweise ich auf meinen bereits genannten Text *Ivresse et gourmandise dans la culture missionaire jésuite*, der auch eine umfangreiche Bibliografie enthält. Eine ausführliche Schilderung der Geschichte dieses aus der südamerikanischen Stechpflanze gewonnenen Getränks bieten die Beiträge in Charles M. Hudson (Hrsg.), *Black Drink. A Native American Tea*, Athens GA 1979.

Im fünften Kapitel habe ich über die Orte des Alkoholhandels und -ausschanks geschrieben; Orte, die gegensätzliche Welten oft besser zusammenführten als die Vermittlung von Personen. Untersucht hat die Erinnerungen von Bernardino de Cárdenas, *Memorial, i Relacion verdadera para el Rey N.S, y su Real Consejo de las Indias, de Cosas del Reino del Peru*, Madrid, Francisco Mártinez, 1634, Thierry Saignes, *„Estar en otra cabeza": tomar en los Andes*, contenuto in *Borrachera y Memoria*,

S. 11–21. Zu den *tambos* genannten Herbergen an den Wegenetzen der Inka verweise ich auf den Absatz im 4. Kap. von Mónica Morales, *Reading Inebriation in Early Colonial Peru*, Farnham 2012.

Zum Thema spanische Wirtshäuser verweise ich auf Pedro Romero de Solis und Dominique Fournier, *La taberna en Espagne et en Amérique*, in „Terrain", 13, 1989, S. 63–71. Über die mexikanischen schreibt Dominique Founier, *Les Vicissitudes du divin au Mexique. L'évêque, le juge et le pulque*, in Dominique Fournier und Salvatore D'Onofrio (Hrsg.), *Le Ferment divin*, Paris 1991, S. 225–240. Der Verweis auf Acosta bezieht sich auf *De Procuranda Indorum Salute*, Buch 3, Kap. 21 und 22. Zu Toledo und die Maßnahmen gegen die Trunkenheit in Peru verweise ich auf Mónica Morales, *Reading Inebriation*, vor allem im Abschnitt von Kap. 2 mit dem Titel „The Colonial Tavern".

Die Maßnahmen Karls V. wurden analysiert in dem bereits zitierten Van der Made, *L'influence de l'ivresse*. Die Verweise auf Kneipen im Trentino verdanke ich meiner Beschäftigung mit den *Libri Copiali* im Trentiner Staatsarchiv, wo die von mir beschriebenen Maßnahmen gegen Ende des 18. Jahrhunderts systematisch wiederholt wurden.

Um Luther geht es bei Lecoutre, *Ivresse et Ivrognerie*, S. 41, während Wolfgang Schivelbusch, *Das Paradies, der Geschmack und die Vernunft. Eine Geschichte der Genußmittel*, Frankfurt a.M. / Berlin / Wien 1983, von deutschen Kneipenschlägereien erzählt. Bezüglich der holländischen Lokale beziehe ich mich auf Simon Schama, *The Embarassment of Riches. An Interpretation of Dutch Culture in the Golden Age*, New York 1987, S. 188–195; zu den englischen siehe Peter Clark, *The English Alehouse. A Social History, 1200–1830*, London 1983. Mit Cadice hat sich beschäftigt Alberto Ramos Santana, *La sociabilidad del vino*, 2000, S. 13–30.

Auf die Bedeutung der Arbeit von Sharon V. Salinger, *Taverns and Drinking*, für die Trinksitten in den Vereinigten Staaten habe ich bereits hingewiesen. Der Film *Hombre* von Martin Ritt gründet auf einer Erzählung von Elmore Leonard. Die Informationen zu Danckaerts und Ledder stamen aus dem *Journal of Jasper Danckaerts 1670–1680*, herausgegeben von Bartlett B. James und J. Franklin Jameson, New York 1913, S. 77; *The Discoveries of John Lederer in Three Several Marches from Virginia, to the West of Carolina [...] Begun in March 1669, and Ended in September 1670*, collected and translated out of latine, William Talbot Baronet, London, Samuel Heyrick, 1672, S. 26–27; auch hier wird man im Internet fündig. Die Informationen über New England finden sich bei Cheever, *Drinking in America*, S. 47, die zu *cachaça* bei Azevedo Fernandes, *Liquid Fire*.

Ich nehme Bezug auf den Roman von Björn Larsson, *Long John Silver. Der abenteuerliche Bericht über mein freies Leben und meinen Lebenswandel als Glücksritter und Feind der Menschheit*, Zürich 2017, sowie das Reisetagebuch von William Black aus dem Jahr 1744, das in vier Teilen in „The Pennsylvania Magazine for History and Biography", 1877, 2, 3, 4, und 1878, 1, veröffentlicht wurde (ebenfalls online zugänglich). Das Reisetagebuch von Ebenezer Hazard wird zitiert in Sharon V. Salinger,

Taverns and Drinking, S. 211. Auf Salingers Werk – besonders das fünfte Kapitel, aber nicht nur – fußen auch die Seiten zum Betreiben von Wirtshäusern, zum Engagment von Frauen in diesem Metier und zur zweifelhaften Moral vieler Kneipenbetreiber. Die Geschichte von Deadwood ist vielerorts erzählt worden, ich empfehle Watson Parker, *Deadwood. The Golden Years*, Lincoln NE / London 1981. Die Initiative der Herrnhuter ist nachzulesen in Adelaide L. Fries (Hrsg.), *Records of the Moravian in North Carolina*, Bd. 2: *1752–1775*, Raleigh NC 1925, S. 707, 884 und insbesondere S. 901.

Zu Wovoka habe ich bereits meine Arbeit über *patchwork religion* erwähnt. Zum Rausch der Mörder von Sitting Bull geben Aufschluss David Humphreys Miller, *Ghost Dance*, Lincoln NE / London 1985, S. 190, sowie Robert Marshall Utey, *The Lance and the Shield. The Life and Times of Sitting Bull*, New York 1994, S. 310. Über die blauen Geisterhemden am Wounded Knee erfährt man aus der Materialsammlung Richard E. Jensen (Hrsg.), *Voices of the American West*, Bd. 1: *The Indian Interviews of Eli S. Ricker, 1903–1919*, Lincoln NE / London 2005; hier beziehe ich mich in erster Linie auf S. 99–100, 191–208, 208–226, 233–237, 240–241 und 256–264; sowie Bd. 2: *The Settler and Soldier Interviews of Eli S. Ricker, 1903–1919*, auf die S. 1–10.

Zu guter Letzt noch zwei neuere Texte, die – obwohl sie sich auch mit anderen Zeiten als den hier behandelten befassen – zur Vertiefung des Themas hilfreich sein können. Der erste befasst sich mit Trunkenheit, der zweite mit der Amerikanischen Urbevölkerung: Mark Forsyth, *A Short History of Drunkenness*, London 2018, sowie David Treuer, *The Heartbeat of Wounded Knee. Native America From 1890 to the Present*, New York 2019.

Personenregister

http://doi.org/10.1515/9783110674972-009

www.ingramcontent.com/pod-product-compliance
Lightning Source LLC
Chambersburg PA
CBHW061749260326
41914CB00006B/1047

9 783110 674873